時系列システムと カオス動力学

東稔節治 編著

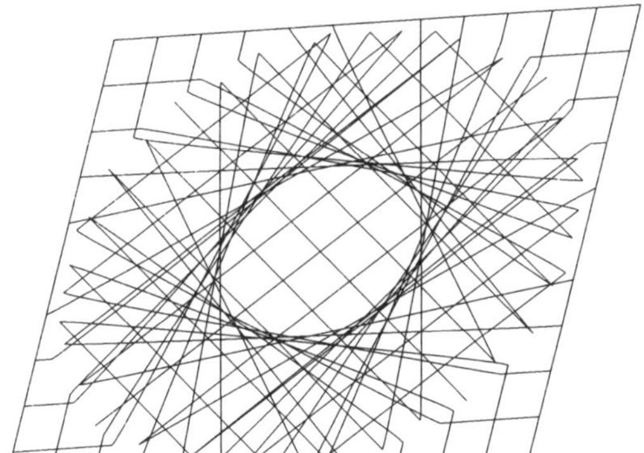

大学教育出版

まえがき

誕生，成長，増殖，定常，死滅らのプロセスは，時間とともに変動する時系列データであり，このような例は，そのほかにプラント信号，GNP，株価，BZ反応，脳波，下水処理などがある。自然現象は，不可逆性や非線形性を含むが，時系列の短い範囲では，定常性，可逆性の仮定が適用できる。しかし，長期にわたる場合には，事物の初期条件に影響され，非線形現象となることが多く，予測できない時系列データとなる。

プロセス現象には，**あいまいさ**（または不確定性）が含まれ，ミクロ（微視）的立場から，W. Heisenberg（1927）によって，電子の運動量と位置を同時に決定できないという**不確定性の原理**が見いだされ，K. Gödel（1931）の**不完全性定理**が発見された。また，マクロ（巨視）的立場から，E. N. Lorenz（1963）によって，気象現象には，対流現象に非線形項が入ることが指摘され，初期条件がわずかに相違するだけで，**Butterfly 効果**が生じることが見いだされている。また，信号解析において，時間と周波数の積がある値以上となり，フーリエ解析の不確定性が見いだされており，時系列データに不確定性が含まれることが明白となっている。このことは，マクロからミクロ，ミクロからマクロのボトムアップ，トップダウンの考え方が必要であろう。時系列には，秩序を扱う決定論，混沌（カオス）ともなる偶然論の性質が含まれる。時系列データの振動構造には，通常信号からカオスへ至る一連の振動現象を示し，このためにも，その非線形性を明らかにすることが必要である。非線形性というのは，部分の総和が全体とならないことであり，このためにも，古典力学の決定論的方法と統計力学の確率論的方法による両者の解析が要求されよう。

複雑系の物理数学として，カオス力学やフラクタル力学が有用とされ，決定論的方法と確率論的方法が歩み寄ることが必要となり，カオスと秩序の動的挙動の解明には，システムの**相互作用，不確定性**の定量化が不可欠であろう。

不確定性の評価には，生物組織を模倣した機械学習，計算機的論理として開発されているファジィ集合論，ニューラルネット，遺伝的アルゴリズムなどの手法がある。自然現象の不確定性には，多様体の安定性，不安定性が関係し，その相互作用が影響を及ぼしている。そのためには，カオスの遍歴など理解し，時系列データの不確定性の解析尺度に，たとえばBayesの確率論と赤池による情報基準量（AIC）による判定法を導入し，時系列データのトレンドなど予測を行うことが大切である。これに基づいて，複雑なシステムの設計，運用，管理・制御において，非線形設計法でもあるカオス動力学が役立つであろう。このため，多くの研究論文，著書を参考にした。本書の作成において，大阪大学大学院基礎工学研究科の諸先生方より，多くのご教示を賜った。

現在，人間は，人口増加から地球環境保全，福祉問題に当面している。これらの問題解決には，自然科学に立脚して，文科系，理科系を問わず，ヒトと人間に関する学問の多様性から考えて，全人類の生き方に資する知恵をもつことが不可欠となろう。エネルギー，物質の流れが入る散逸系とともに，環境を含めた地球のホメオスタシス（homeostasis，恒常性）と併せて，生命体多様性を維持する安定化機構であるホメオカオス（homeochaos）の観点から，経済的・社会的・工学的立場において，時系列データの総合的分析とその予測と制御が重要であろう。本書には，多くの例題を導入し，読者の理解に資するように配慮した。読者・諸賢の忌憚のないご批判を期待します。本書の発刊に際して，㈱大学教育出版・編集部の各位にお世話を受けた。ここに謝意を表します。

最後に，次の言葉を引用したい。

世界は，なんらかの原因，もしくは偶然から生じた結果である。たとえば，後者であっても，それは一つの世界，すなわち規則性を持つ美しい構築物なのだ。（R. リューイン『複雑性の科学・コンプレクシティの招待』）

2000年　2月　　　　　　　　　　　　　　　　　　　　　　編著者

時系列システムとカオス動力学

目　　次

第１章　時系列と確率システム

1．1　確率変数の離散性と連続性

1．1．1　確率過程と分布関数

時間 t の経過とともに，規則的に，また不規則に変動する物理量 $X(t)$ の系列を**時系列**（**Time series**）データという。これには，日常の気圧，地震波，水位，自動車の振動などの物理現象，薬物動態，血圧，脳波，植物の培養などの生物現象，リズム化学反応，料理献立などの化学現象，株価，GDPなどの経済現象，スポーツ，囲碁などの社会現象など多岐にわたる無数の記録データにその例が見られる。

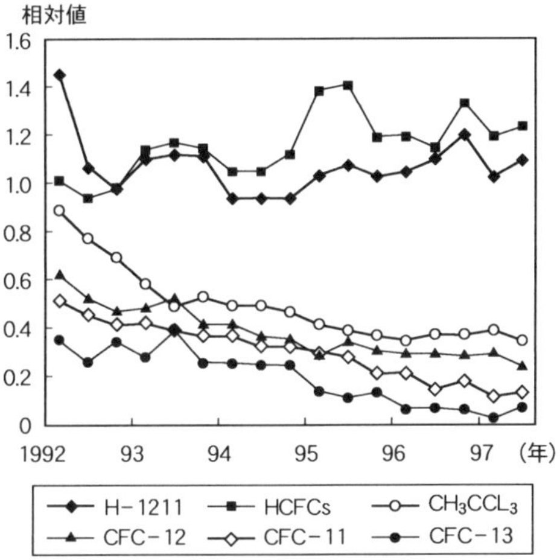

図1．1　大気中のフロン関連物資の相対濃度
世界７地点より収集（P. Zurer（1999））
相対濃度：1980年代後半のピーク年の値を１とする

大気オゾン層は，太陽の紫外線を吸収するのに役立っているが，フロンの排出により，破壊され，減少し，人類の未来の生存を危くしている。**図1．1**はフロン濃度の推移を示したものである。特定フロン（CFC-11〜13）は減少しているが，代替フロン（HCFC，H-1211）などは増加傾向にある。これも時系列データの一種であるが，規則性がない部類に入る。

一方，**図1．2**はある工場における工業用電力の時間 t による電圧（物理量）を30分毎に48点測定し，プロットしたもので，毎日ほぼ同じパターンで変化する規則性のある時系列である。また，この図のように，とびとびの48個のデータのみを取り扱う場合を，ディジタル（Digital）的であり，離散時間系列（Discrete time series）という。また，記録計で連続的に測定されたデータは，アナログ（Analog）的であり，連続時間系列（Continuous time series）という。

図１．２の48個１組のデータ(集合)が時間の関数として，$x(t_1), x(t_2) \cdots x(t_N)$ で表される場合，この $x(t)$ を標本関数(sample function)という。また，$x(t_1)$, $x(t_2) \cdots x(t_N)$ の１組を，確率変数（random variable）といい $X(t)$ で表す。確率変数は通常の変数と区別するために，大文字で表すことが多い。これに対し，その１つの実現値は，単なる数値であるため小文字で表し，区別する。一般に，このような時間順序をもった１組の実験，あるいは時間パラメータを含む１組の確率変数で表される確率統計現象を確率過程（Stochastic process）と呼び，$\{X(t)\}$ で表す（滝　保夫（1968））。

一方，因果関係が複雑で，データ記録値が不規則性をもち，初期値に影響される時間関係，すなわち，カオス性時系列の性格をもつことがある（長島知正ら（1990））。このように，時系列データは，規則性と不規則性を特徴としてもっている。

確率変数の各値に，それぞれ対応する確率が与えられるとき，この全体的な

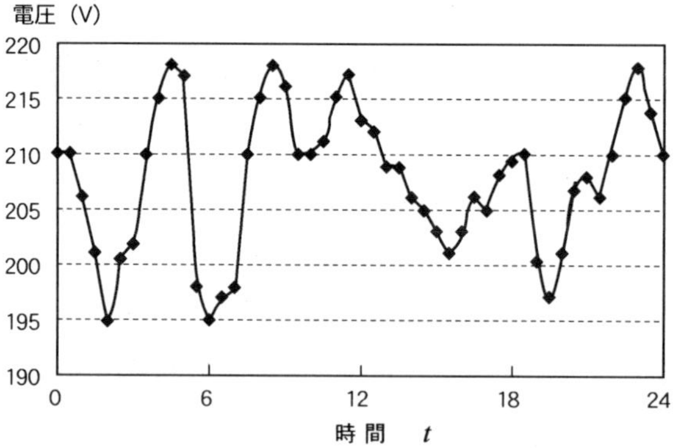

図１．２　工場の電圧変化の時系列データ

対応関係を確率分布（probability distribution）といい，次の式で表現する。

$$P(X \leq x) = F(x) \quad (1.\ 1)$$

$F(x)$ は確率分布関数（probability distribution function），Xは確率変数で，$P(X \leq x)$ は変数Xのとる値xがある値を越えない確率である。したがって，$F(-\infty)=0$, $F(\infty)=1$ であり，$F(x)$ は非減少関数である。

ここで，図１．２のグラフから確率分布関数を求めてみよう。電圧の最低値は195V だから，ΔV を増したとき，式（１．１）は区間［195，195＋ΔV］のグラフ上部の面積（数値を確率に変換）を意味するので，連続系においては，この面積を図積分すると，**図１．３a）**が得られる。離散系の場合は，Vをとびとびの値（５ボルト間隔）とし，区間［195，195＋ΔV］に入る標本関数の個数を確率で表すと**図１．３b）**が得られる。

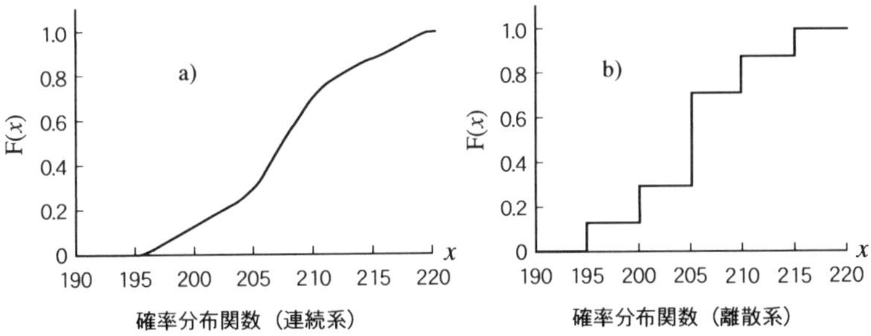

図１．３　図１．１の電圧 $V(t)$ に関する確率分布関数

次に，確率密度という概念を定義するため，確率変数Xが x_1 と x_2 との間にある確率 $P(x_1 \leq X \leq x_2)$ を考えてみよう。

式（１．１）より

$$P(x_1 < X \leq x_2) = P(X \leq x_2) - P(X \leq x_1) = F(x_2) - F(x_1) \quad (1.\ 2)$$

ここで，$x_2 = x_1 + \Delta$ $(\Delta > 0)$ とおくと，次式のように書くことができる。

$$P(x_1 < X \leq x_1 + \Delta) = \frac{F(x_1 + \Delta) - F(x_1)}{\Delta} \cdot \Delta \quad (1.\ 3)$$

$F(x)$ が連続であれば，x_1 の近傍で微分可能で，式（1．3）の右辺を**テイラー（Taylor）**展開すると，

$$P(x_1 < X \leq x_1 + \Delta) = \left[\frac{dF(x)}{dx}\right]_{x=x_1} \cdot \Delta + O\ (\Delta^2) \qquad (1.\ 4)$$

ここで，$O(\Delta^2)$ は，Δ^2 以上の次数項の総和である。

式（1．4）の $dF(x)/dx$ は，確率密度関数（probability density function）と呼び，$f(x)$ で表現すると，Xが，区間 $(x, x+\Delta x)$ の範囲に入る確率は，おおよそ $f(x) \cdot \Delta x$ で表される。したがって，確率分布関数 $F(x)$ と確率密度関数 $f(x)$ との関係は

$$F(x) = \int_{-\infty}^{x} f(y)\, dy = \int_{-\infty}^{\infty} f(y)\, dy = 1 \qquad (1.\ 5)$$

となり，連続系では，**図1．3a）**から，**図1．4a）**の確率密度関数が得られる。

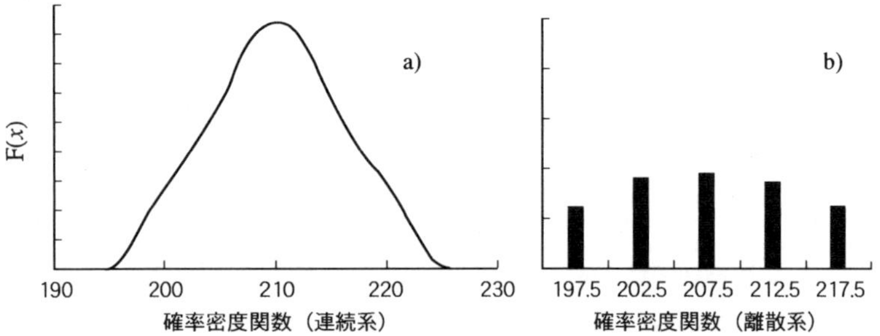

図1．4　図1．1の電圧 $V(t)$ に関する確率密度関数

一方，データが離散系（不連続）の場合は，微分できないので，次の手順を踏む。図1．3b)において，$F(x)$ の跳躍が $a_1, a_2, \cdots a_n$（ただし，$a_1 < a_2 < \cdots < a_n$）で起こり，その跳躍の量が $\Delta F_1, \Delta F_2, \cdots, \Delta F_n$ であるとし，次のインパルス関数を導入する。

$$\left.\begin{array}{l} \delta(x) = 0, \quad x \neq 0 \\ \int_{-\infty}^{\infty} \delta(x)\, dx = 1 \end{array}\right\} \qquad (1.\ 6)$$

この $\sigma(x)$ は，ディラック（Dirac）の δ 関数と呼ばれ，確率密度関数は次のように表現できる。

$$f(x)=f_0(x)+\sum_{i=1}^{n}\Delta F_i\delta(x-a_i) \quad (a_i：定数) \tag{1.7}$$

ただし，$f_0(x)$ は，確率分布関数から，$\Delta F_1,\Delta F_2,\cdots\Delta F_n$ の跳躍分を取り除いた関数 $F_0(x)$ から，次式で与えられる。

$$f_0(x)=\frac{dF_0(x)}{dx} \tag{1.8}$$

これを積分すると，次のようになる。

$$\int_{-\infty}^{x}f(x)\,dy=\begin{cases}F_0(x)+\sum_{i=1}^{j}\Delta F_i & a_{j+1}>x>a_j>\cdots>a_1\\ F_0(x) & x<a_1\end{cases} \tag{1.9}$$

上式の右辺は，$x=a_i(i=1,2,\cdots,n)$ の点を除き，あらゆる x に対して，$F(x)$ に等しい。すなわち，確率分布関数に跳躍のある場合は，確率密度関数は，跳躍を取り除いた部分に対する密度関数と，跳躍分だけの面積をもつ δ 関数の和となる。すなわち，$f(x)$ が δ 関数のみの関数だから，図１．３b）の離散系から，**図１．４b）**の離散系の確率密度関数が得られる。

１．１．２　確率変数の期待値とモーメント

確率変数 X がどのような値をとり，どのような範囲に入るか示すのが，期待値（μ あるいは $E[X]$：expectation）と分散（σ^2 あるいは $V[X]$：variance）で，期待値は，密度関数 $f(x)$ を用いて，次式のように定義される。

$$\mu=E[X]=\int_{-\infty}^{\infty}xf(x)\,dx \qquad （連続系） \tag{1.10}$$

$$\mu=E[X]=\sum_{k=0}^{\infty}kf(k) \qquad （離散系） \tag{1.11}$$

期待値は，**平均値**（mean）あるいは集合平均（ensemble average）ともいわれる。

一方，分散は確率分布の幅を示すパラメータで，連続系では，次式で定義さ

れる。

$$\sigma^2 = V[X] = \int_{-\infty}^{\infty} (x-\mu)^2 f(x)\, dx = \int_{-\infty}^{\infty} x^2(x)\, dx - \mu^2 \qquad (1.\ 12)$$

ここで，σ^2 の平方根は，平均値（期待値）からのばらつきを示すパラメータで，**標準偏差**（Standard Deviation）と呼ばれ，統計解析ではよく用いられる（鈴木　武，山田作太郎（1996））。

時系列データには，**図１．２**に示した確率変数が１つの場合と，気圧と地下水位の関係のように，２つ以上（n 次元）の変数が関与するものがある。いま，２次元確率変数を考えると，確率分布関数は次式となる。

$$F(x_1, x_2) = P(X_1 \leq x_1, X_2 \leq x_2) \qquad (1.\ 13)$$

(A)　X_1 と X_2 が独立な場合

それぞれの確率の積が確率になるので

$$P(X_1 \leq x_1, X_2 \leq x_2) = P(X_1 \leq x_1) \cdot P(X_2 \leq x_2) \qquad (1.\ 14)$$

したがって，確率分布関数は，次式となる。

$$F(x_1, x_2) = F(x_1) \cdot F(x_2) \qquad (1.\ 15)$$

一方，確率密度関数は，１変数の場合に行った式（１．３）〜式（１．５）のテーラー(Taylor)展開と同様の操作を行うと，X_1 と X_2 が，$(x_1, x_1 + dx_1)$ および $(x_2, x_2 + dx_2)$ の範囲に入る確率は，ほぼ $f(x_1, x_2)\, dx_1 dx_2$ になる。すなわち，確率密度関数は次式となる。

$$f(x_1, x_2) = \frac{\partial^2 F(x_1, x_2)}{\partial x_1, \partial x_2} \qquad (1.\ 16)$$

(B)　X_1 と X_2 が独立でない場合

X_2 が，a という離散値をもつ場合を考えると，次式が得られる。

$$\begin{aligned} P(X_1 \leq x_1, X_2 \leq x_2) &= P(X_1 \leq x_1, X_2 = a) \\ &= P(X_1 \leq x_1 | X_2 = a) \cdot P(X_2 = a) \end{aligned} \qquad (1.\ 17)$$

この式で，$P(X_1 \leq x_1|X_2=a)$ は，$X_2=a$ の条件の下での X_1 の条件付確率（conditional probability）という。また，詳細な誘導は省略するが，分布関数および密度関数の関係は，次式によって表される。

$$F(x_1|a)=P(X_1 \leq x_1|X_2=a)=\frac{\int_{-\infty}^{x_1} f(x_1,a)\,dx_1}{f_2(a)} \tag{1. 18}$$

ここで，$F(x_1|a)$ は，$X_2=a$ の条件下での X_1 の条件付確率分布関数という。

ここまで，期待値，分散を定義したが，これらを一般化したのが，**モーメント**(moment) である。

確率変数Xをとり，その密度関数を $f(x)$ とすると，次式で示される量を「点 a のまわりの r 次モーメント」という。

$$E[(X-a)]=\int_{-\infty}^{\infty}(x-a)^r f(x)\,dx, \quad r=1,2,\cdots \tag{1. 19}$$

ここで，$a=0$ のときを単にモーメントと呼び，m'_rとする。また $a=\mu$(期待値) のときのモーメントを**中心モーメント**（central moment）と呼び，m_r と書く。

期待値 μ および分散 σ^2 は，１次あるいは２次のモーメントの１つと考えられ，式（1．19）の定義から，次のことが言える。

$$m'_1=\int_{-\infty}^{\infty} xf(x)\,dx=\mu \tag{1. 20}$$

$$m'_2=\int_{-\infty}^{\infty} x^2 f(x)\,dx=\mu^2+\sigma^2=\mu^2+m_2 \qquad (a=\mu) \tag{1. 21}$$

モーメントは，確率分布の性質を代表するものとして重要で，２次の中心モーメントは，分布の散らばりの程度（分散）を表す。また，式（1．19）から計算される３次および４次の中心モーメント，m_3, m_4 を用いた次式において，次の関係が示される。

$$\gamma_1=\frac{m_3}{\sigma^3}, \qquad \gamma_2=\frac{m_4}{\sigma^4}-3 \tag{1. 22}$$

γ_1 は，確率密度関数の非対称性，または**ゆがみ**（skewness）の程度を表し，γ_2 は，平均値付近への分布の集中度を示す**尖度**（kurtosis）を示す。

モーメントは変数が増えても１次元と同様の取り扱いができる。２つの確率

変数 X, Y の期待値 μ_x, μ_y をとすると，結合中心モーメント（joint central moment）$\gamma_{k\ell}$ は次式となる。

$$\gamma_{k\ell}=E[(X-\mu_x)^k(Y-\mu_y)^\ell]$$
$$=\int_{-\infty}^{\infty}\int_{-\infty}^{\infty}(x-\mu_x)^k(y-\mu_y)^\ell f(x,\ y)\,dxdy \qquad (1.\ 23)$$

これは，確率変数 X, Y のつながりの度合いを表すもので，次数は $k+\ell$ である。$k=\ell=1$ としたときは，式（1．25）の共分散に相当する。

1．1．3　相関関数および共分散関数

図1．2の時間 t 対電圧（V）は，1日周期でほぼ同じパターンを繰り返す。すなわち，確率過程 $X(t)\,(-\infty<t<\infty)$ の確率分布が任意の時間 τ の移動によって変化しない場合に相当し，これを定常過程と呼び，次の関係が成立する。

$$P(x_{t_1+\tau},\cdots,x_{t_N+\tau})=P(x_{t_1},\cdots,x_{t_N}) \quad -\infty<t<\infty \qquad (1.\ 24)$$

いま，確率過程 $X_1(t), X_2(t)$ が，ともに定常過程とすれば，

①　$X_i(t)$ の期待値　$E[X_i(t)]=\mu_i=const,\quad i=1,2$

②　分散　$E[\{X_i(t)-\mu_i(t)\}^2]=\sigma_i^2(t),\ i=1,2$

2変数の確率分布および密度関数が求まると，2変数間の結合中心モーメントを表す共分散（covariance）関数 C_{12} は，次のように定義される。

$$C_{12}=E[(X_1-\mu_1)(X_2-\mu_2)]=\int_{-\infty}^{\infty}\int_{-\infty}^{\infty}(x_1-\mu_1)(x_2-\mu_2)f(x_1,x_2)\,dx_1\,dx_2$$

$$=\int_{-\infty}^{\infty}\int_{-\infty}^{\infty}x_1x_2f(x_1,x_2)\,dx_1dx_2-\mu_1\mu_2=E[X_1\cdot X_2]-E[X_1]\cdot E[X_2]$$
$$(1.\ 25)$$

ここで，μ_1, μ_2 は X_1, X_2 の期待値である。

X_1, X_2 の標準偏差をそれぞれ σ_1 および σ_2 とすると，2つの確率変数の相互関係を表す相関係数 ρ（correlation coefficient）は，次のように定義される。

$$\rho=\frac{C_{12}}{\sigma_1\sigma_2} \qquad (1.\ 26)$$

相関係数は，－1 と ＋1 の間の値をとり，$\rho=0$ なら X_1,X_2 は無相関であり，$\rho=\pm1$ の場合は，X_1 と X_2 には線形関係が成立する。

このとき，次式で定義される $\phi_{ij}(t_1,t_2)$ を，$X_i(t)$ と $X_j(t)$ の相関関数という。

$$\varphi_{ij}(t_1,t_2)=E[X_i(t_1)X_j(t_2)]$$
$$=\int_{-\infty}^{\infty}\int_{-\infty}^{\infty}x_1x_2f(x_1,x_2,;t_1,t_2)\,dx_1dx_2\quad(i,j=1,2) \tag{1．27}$$

特に $i=j$ のときを自己相関関数（auto-correlation function），$i\neq j$ のときを相互相関関数（cross-correlation function）と呼ぶ。

式（1．25）の C_{12} を，時間を含めた共分散関数（correlation function）$C_{ij}(t_1,t_2)$ と表せば，次のようになる。

$$C_{ij}(t_1,t_2)=E[\{X_i(t_1)-\mu_i(t_1)\}\{X_j(t_2)-\mu_j(t_2)\}]$$
$$=\varphi_{ij}(t_1,t_2)-\mu_i(t_1)\mu_j(t_2) \tag{1．28}$$

したがって，$\varphi_{ij}(t_1,t_2)$ は $X_i(t)$ と $X_j(t)$ の共分散に，それぞれの期待値の積を加えた次の式で表される。

$$\varphi_{ij}(t_1,t_2)=C_{ij}(t_1,t_2)+\mu_i(t_1)\mu_j(t_2) \tag{1．29}$$

ここで，$i=j$ の場合の $C_{ij}(t_1,t_2)$ を自己共分散関数（auto-correlation function），一方，$i\neq j$ の場合を相互共分散関数（cross-covariance function）という。

定常過程では，$\mu_i(t_1),\mu_j(t_2)$ は t_1,t_2 に無関係な定数となるため，$\varphi_{ij}(t_1,t_2)$ は $X_i(t_1),X_j(t_2)$ の共分散と本質的に同一とみなせる。

１．１．４　いくつかの確率分布・密度関数の性質

時系列データの解析では，その確率密度関数（離散系では確率関数と呼ぶことが多い）が，どのような分布になるかを調べ，それによく似た分布式を用いて解析を行う場合が多い。**表１．１**は，よく使われる確率分布関数の例である。

表１．１　種々の確率分布

１次元の離散分布	一様分布，ベルヌーイ分布，２項分布，ポアソン分布，幾何分布など
１次元の連続分布	一様分布，正規分布，対数正規分布，Γ 分布，指数分布，ワイブル分布，β 分布，コーシー分布など
多次元確率分布	多項分布，多変量正規分布など
正規分布から導かれる分布	χ^2 分布，t 分布，F 分布など

(A)　ポアソン分布（離散系）

たとえば，工場の毎月の事故件数，一定時間内の偶発的故障数のように一定時間内に k の欠点がある母集団を取り上げ，その中に欠点数 $x=0,1,2,\cdots$ のそれぞれの出現する確率 $P(X)$ は，次式および図１．５に示すようなポアソン分布で近似される。

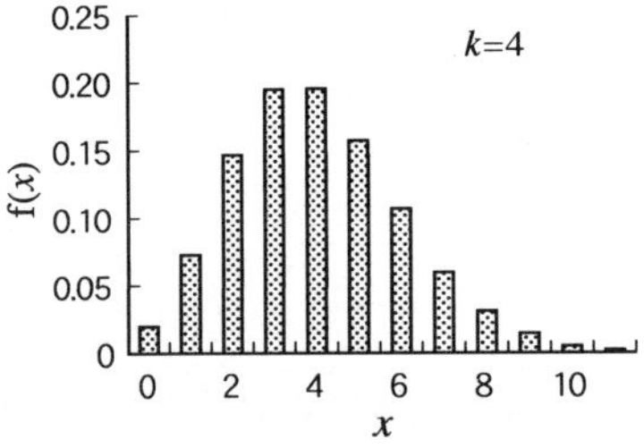

図１．５　ポアソン分布

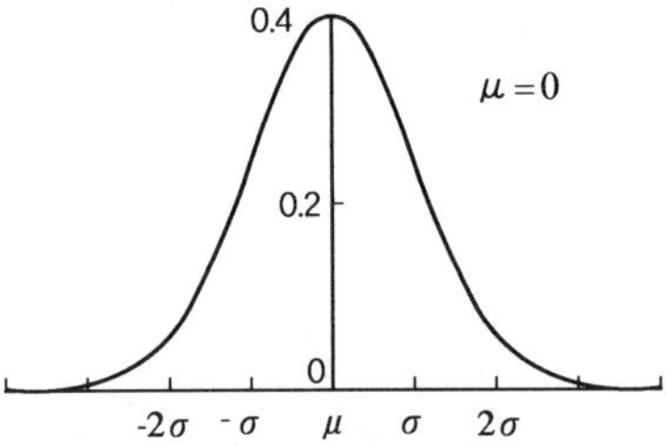

図１．６　正規分布

$$P(X)=e^{-k}\frac{k^x}{x!} \tag{1.30}$$

ポアソン分布の期待値 μ，分散 σ^2 は，

$$\mu=\sigma^2=k \tag{1.31}$$

となり，比例定数 k が，一定時間内の平均の欠点数となる。

(B) 正規分布

工学や自然科学の分野で最も多く遭遇するのが正規分布（normal distribution）で，その確率密度関数は次式で示され，その分布（$\mu=0$ の場合）は，**図1．6**となる。

$$f(x)=\frac{1}{\sqrt{2\pi\sigma^2}}\cdot\exp\left[-\frac{(x-\mu)^2}{2\sigma^2}\right] \tag{1．32}$$

［例題1．1］ 正規分布の期待値が μ，分散 σ^2 であることを示せ。

［解］ 期待値および分散は，それぞれ式（1．10）および式（1．12）の定義から，

$$E[X]=\int_{-\infty}^{\infty}x\cdot\frac{1}{\sqrt{2\pi\sigma^2}}\cdot\exp\left[-\frac{(x-\mu)^2}{2\sigma^2}\right]dx=\mu \tag{E 1．1}$$

$$V[X]=\int_{-\infty}^{\infty}x^2\cdot\frac{1}{\sqrt{2\pi\sigma^2}}\cdot\exp\left[-\frac{(x-\mu)^2}{2\sigma^2}\right]dx-\mu^2=\sigma^2 \tag{E 1．2}$$

これを積分することによって，それぞれ期待値が u，分散 σ^2 になる。

期待値 μ は，分布の中心を，σ^2 は分布のばらつきの程度を示す値で，正規分布では，$\mu\pm\sigma$ の範囲に全体の約68％，$\mu\pm2\sigma$ の範囲に約95％が含まれる。この関数は，ホワイトノイズ（白色雑音）に用いられる。正規分布は，期待値 μ を中心に左右対称であるが，分布に散らばりがある場合，先に示した3および4次のモーメントによって，ゆがみや尖度を表す。

たとえば，式（1．22）で $\gamma_1>0$ となる分布は，**図1．6**の正規分布において，右側により長い尾をひく分布になる。また，$\gamma_2<0$ の場合は，正規分布よりも中心に集中する分布になり，$\gamma_2>0$ では，中心への集中度が緩和される。

（C）　Γ 分布

Γ 分布は，非線形最小二乗法の検定に用いる t 分布，実験計画法の分散分析で用いる F 分布などの基本になる分布で，その密度関数は次式で示される。

$$f(x)=\frac{\alpha^k}{\Gamma(k)}x^{k-1}e^{-\alpha x}\qquad(k>0,\ \alpha>0,\ x>0) \tag{1．33}$$

ここで，Γ 関数は次式で示される。

$$\Gamma(k)=\int_0^{\infty}t^{k-1}e^{-t}dt \tag{1．34}$$

この分布には，α および k の2つのパラメータが含まれており，パラメータを変えると，図1．7に示すように様々な形になるため，応用範囲は広い。

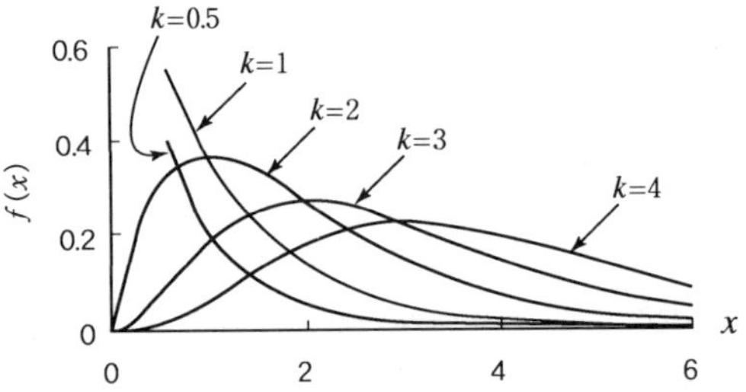

図1．7　Γ分布の確率密度関数（α=1.0の場合）

特に，$k=1$ とすれば，$f(x)=\alpha e^{-\alpha x}$ となり，指数分布になる。$k=n/2, \alpha=1/2$ とすれば，自由度 n の χ^2 分布となる。また，期待値と分散は，それぞれ次のようになる。

$$\text{期待値}=k/\alpha\,,\qquad \text{分散}=k/\alpha^2 \tag{1.35}$$

1．1．5　分布による仮説検定

信頼区間の有意さを調べ，真と偽の仮説を比較し，真の仮説を採用しうるかを検定するとき，平均値間については，t 分布（または，スチューデントの t 検定)，等分散仮説については F 分布（または，フィシャーの F 検定）を用いる。

平均値（期待値）μ_X の正規母集団から抽出された，大きさ n の標本の標本平均を $\overline{X}$, 標本の分散を σ^2 としたとき，次の確率変数

$$t=\frac{\overline{X}-\mu_X}{\sigma/\sqrt{n}} \tag{1.36}$$

が定める分布を，自由度 $\nu=n-1$ のスチューデント分布（t 分布）という。この確率密度関数 $P(t)$ は，次のように表現される。

$$P(t)=\frac{1}{\sqrt{\pi\nu}}\cdot\frac{\Gamma\left(\frac{\nu+1}{2}\right)}{\Gamma\left(\frac{\nu}{2}\right)}\left(1+\frac{t^2}{\nu}\right)^{-\frac{\nu+1}{2}} \quad (-\infty<t<\infty) \tag{1.37}$$

たとえば，$\nu=5$ のとき，5％の有意となる $P(t)$ は，t－表より2.571とな

る。したがって，式（１．36）から計算される値が $|t| \geq 2.571$ であれば，$\nu=5$ で５％の有意（仮説を捨ててしまう確率，言い換えれば，95％以上の信頼度）であるという。

F 分布は，２種の標本が同じ分散を有する正規母集団から抽出されたかを検定するのに用いられる。いま，２つの母集団から抽出された，それぞれ大きさ n_1, n_2 の標本の標本分散を $\sigma_1{}^2, \sigma_2{}^2$, 期待値（平均値）を μ_1, μ_2 とすれば，次の確率変数が定める分布を，自由度 $\nu_1=n_1-1$，$\nu_2=n_2-1$ の F 分布という。

$$F(\nu_1, \nu_2)=\frac{S_1{}^2}{S_2{}^2}=\frac{\chi_1{}^2/\nu_1}{\chi_2{}^2/\nu_2} \tag{1．38}$$

ここに，S_i：偏差平方和，$\chi_i=(\bar{X}-\mu_i)/\sigma_i\,(i=1,2)$．

いま，等分散の仮定として，分散を $\sigma_1{}^2=\sigma_2{}^2=\sigma^2$ とおくと，式(１．38)はほぼ１に近くなる。１より著しく離れる場合は，同じ分散を有する母集団から抽出したものでないことになる。

F の確率密度は，次のようになる。

$$P(F)=\frac{\Gamma\left(\dfrac{\nu_1+\nu_2}{2}\right)}{\Gamma\left(2\dfrac{\nu_1}{2}\right)\Gamma\left(\dfrac{\nu_2}{2}\right)}\cdot \nu_1{}^{\nu_1/2}\cdot \nu_2{}^{\nu_2/2}\cdot\frac{F\left(\dfrac{\nu_1}{2}-1\right)}{(\nu_2+\nu_1 F)^{(\nu_1+\nu_2)/2}} \tag{1．39}$$

たとえば，$\nu_1=10$，$\nu_2=4$ で，５％有意となるかを検定するには，２つの母集団から抽出されたデータを用いて，式(１．38)より，$F(10,\ 4)$ の値を計算する。さらに，F 表から，検定しようとする有意水準の％(５％の場合は $\alpha=0.05$)における２つの自由度の示す値から，$F_{0.05}(10,\ 4)=5.96$ を得る。もし，$F(10,\ 4)\geqq 5.96$ であれば，５％有意差で，等分散仮説は肯定されることになる。

１．２　予測の可能性と不可能性

図１．８に示す２つの時系列データを考える。図１．８**a**)の波形は，変位 x の時間的変化を表している。その運動は周期的であり，いま，k, ℓ を定数とすると，

$$\frac{d^2x}{dt^2}+k\frac{dx}{dt}+\ell x=f(t) \qquad (1.40)$$

で，初期値 x_0，$dx/dt|_{t=0}$ を与えることにより解析できる。式（1．40）において，$(k^2-4\ell)<0$ であれば振動解が得られ，周期的で予測は可能である。しかし，図1．8 b）の波形は，E. N. Lorenz（1963）の気象現象の関係式

$$\frac{dX}{dt}=-\sigma(X-Y),\quad \frac{dY}{dt}=-XZ+rX-Y,\quad \frac{dZ}{dt}=XY-bZ \qquad (1.41)$$

より，$\sigma=10, r=28\,(r>r_c=24.74$，下添 c：臨界値)，$b=8/3$ として計算したときの t 対 X の関係である。ここで，X は対流層の流速，Y,Z は温度である。また，σ,r および b は，プランドル数，液体の拡散係数と熱伝導度との比，および 容器の形状や流体の物性に関するパラメータである。

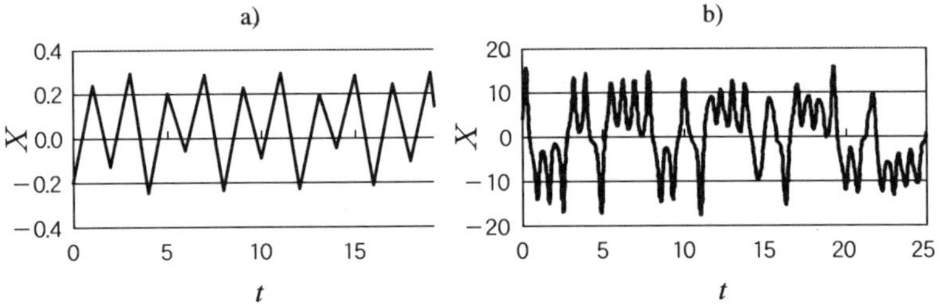

図1．8　2つの時系列データ

この計算を初期値（X,Y,X）＝(5, 3, 15 ）と，初期値（5.01, 3, 15 ）の 2 つの場合において計算した結果が，図1．9 である。時間が 6 ぐらいまでは，ほぼ同じパターンを示すが，それ以降は大きな変化が認められる。すなわち，計算の初期値が異なると，違った t 対 X の関係が得ら

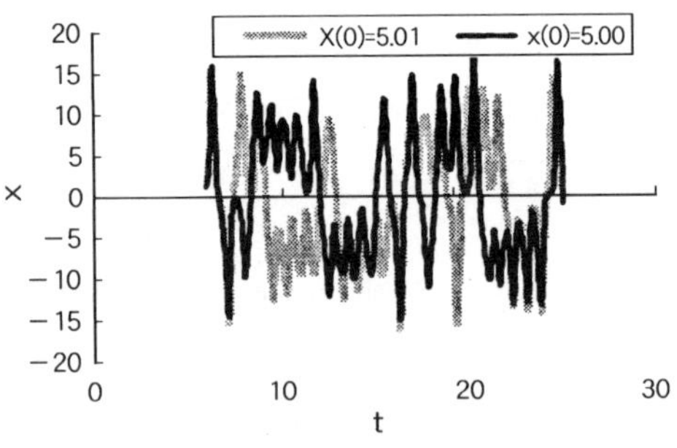

図1．9　ローレンツ方程式における初期値の影響

れ，予測が不可能となる。

しかし，得られた時系列のデータのうち，X対Zを順次プロットすると，**図1．10**に示すように周期的でないが，長時間を経ても一定の軌道内に留まっている。このような特性をもつ軌道を，アトラクター（Attractor）と呼ぶ。

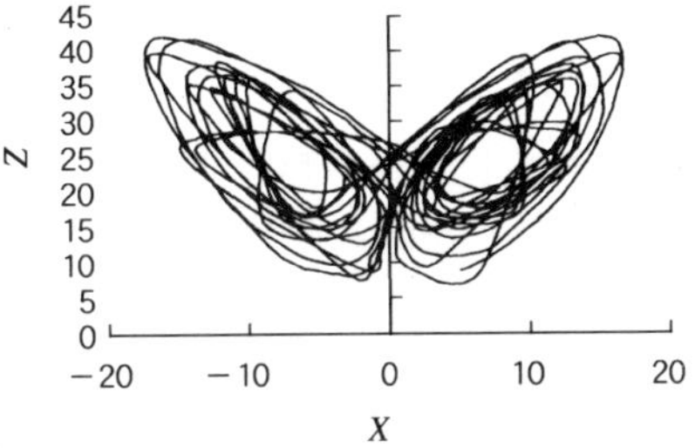

図1．10　ローレンツアトラクター

このような現象は，E. N. Lorenzの論文を解析したT. Y. Li and J. A. York（1975）により“カオス”と名づけられた。ただ，ここで注意すべきことは，カオスは，一見ランダムな数列を作っているようだが，すべてランダムではない。

人口増加の予測や生物の増殖過程を表すのに，ロジスティック（Logistic）方程式（I. Prigogine and I. Stengers（1984））が用いられている。これは，人口をN，出生率r，死亡率m，環境の包容力Kとすると，次式で表される。

$$\frac{dN}{dt}=r\frac{(K-N)}{K}\cdot N-mN \qquad (1.42)$$

ここに，有害遺伝子による環境包容力Kは，一定とする。

この方程式を差分方程式に戻して，$x_n=r\Delta tN_n/[1+\Delta t(r-m)]K$，$\lambda_n=1+\Delta t(r-m)$とおくと，次式を得る。

$$x_{n+1}=\lambda_n(1-x_n)\cdot x_n \qquad (1.43)$$

R. M. May（1976）によると，$1+\sqrt{6}<\lambda_n\leq\lambda_c(\cong 3.57)$のとき，$x_n$が$\lambda_c$に近づくにつれて，振動の周期は，4周期，8周期，16周期と増大する。このとき，次式で定義するFeigenbaum数δは

$$\delta=\lim_{n\to\infty}\frac{\lambda_n-\lambda_{n-1}}{\lambda_{n+1}-\lambda_n},\qquad \delta=4.6692016\cdots \qquad (1.44)$$

この場合は，予測が可能であるが，$\lambda_n>\lambda_c$となると，種々の周期をもつ振動が表れ，不安定となり，**図1．11**（$\lambda_n=4.0$）のように，予測不可能なカオス現

象となる。

R. M. May (1976) は，この現象をきわめて複雑な軌道 (very complicated orbit) の状態と呼び，カオス性 (chaotic) と呼んだ。

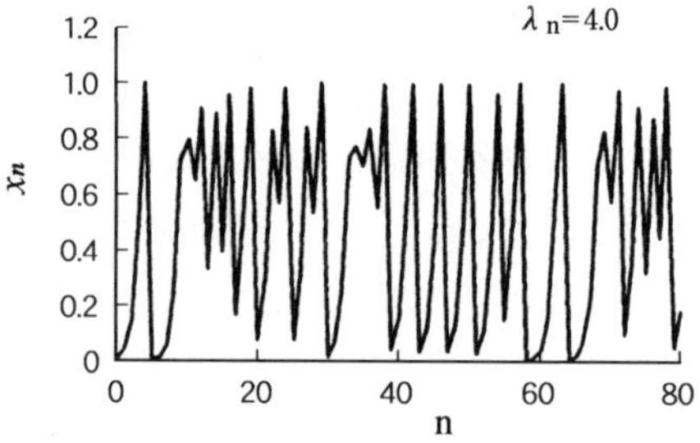

図1．11　ロジスティック方程式における カオスの出現

カオス現象としては，① 初期条件の変化に敏感，② フーリエ変換の幅広いスペクトル (周波数に対して)が現れる，③ 位相空間軌道がストレンジアトラクターになる，④ 非周期，不規則振動のバースト (burst) ができ，カオス前に間欠カオスが現れる，などがあげられる。

たとえば，ロジスティック方程式のパワースペクトラムにおいて，最初に出現したピークの位置 (周波数) の 1/2 あるいは 3/4 の位置にピークが現れ，λ_n =4.0 でカオスになっている (下條隆嗣 (1992))。また，松葉育雄 (1994) はニューラルネットワークを用い，カオスのフラクタル性 (自己相似性) を利用することによって，カオス性データの検出を行っている。

1．3　線形と非線形の現象

線形という言葉の定義として,「未知の法則を規定している未知関数と，その導関数が一次の関係で結ばれているとき，この微分方程式で表される法則は，線形な法則であるとよぶ」とされている。原因と結果が何らかの意味で比例的であるのが線形であり，関数形の重ね合わせができないものが非線形であるといえる。

線形過程では，図1．12に示すように，たとえば，振動入力があった場合，それぞれの値に対して，比例的要素が負荷されて出力となる。一方，非線形過程では，1つの入力に対して，いろいろな形をした複数の出力が現れる。これは，微分方程式の解に安定と不安定があり，ヒステリシス，鞍点などが存在するからである。

知識の伝達において，あいまいさ（または不確定性）が入ると，線形の場合は，一意的に予測ができる。しかし，非線形の場合は，たとえば，後に述べるパワースペクトラムは，周波数について幅広い分布となり，いわゆるカオス現象を生じることもある（図1．13)。そのため，数式モデルは，情報生成，パターン認識，記憶，適応能力などの不確定性を含めたものが利用される。たとえば，ニューラルネットワークの数式モデルは，シグモイド関数と線形な結合係数からなり，任意の連続関数を任意の精度で近似する。しかし，計算量が多いため，工夫が必要である。

特に，非線形システムは複雑なため，系統的な解析法や制御法が確立されていない。その対応として，非線形システムをまず線形化し，この線形化されたシステムを用いて解析，制御設計する方法が用いられている。

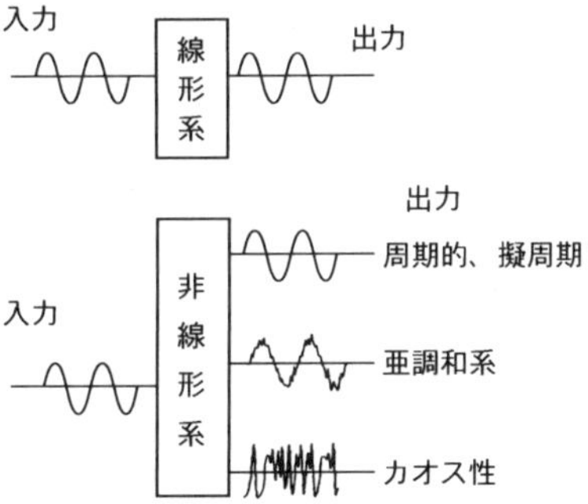

図1．12　線形と非線形の対する入力ー出力のスケッチ

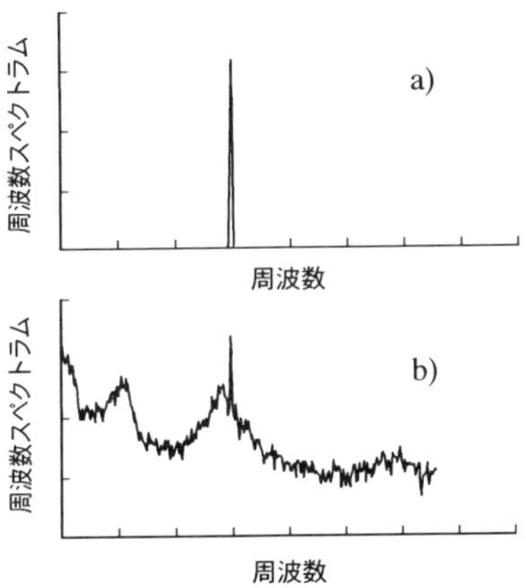

図1．13　弾性波の周波数スペクトラム
a）線形周期応答
b）カオス振動の広域帯応答
（F. C. Moon（1992））

一般的に用いられるのは，テーラー展開の1次近似である。これに関しては次節で説明するが，ある定常点近傍での線形化であり，広範な範囲を網羅できない欠点がある。厳密な線形化法として，L. Hunt ら（1982)，および R. Su（1982）がアルゴリズムを提案しているが，特殊な系にしか適用できない欠点がある。これら非線形入力関数として，GMDH（Group method of data handling）法，別法として，ヴォルテラ（Volterra）級数法，テーラー展開近似の精度を良くした ρ 次線形化問題（A. J.

Krener (1984)）として定式化されている。その他，Pseudolinearization (C. Reboulet. C. Champetier (1984)）法で，基本的にはテーラー展開の１次近似であるが，ある１点のみに着目するのではなく，他のすべての平衡点における１次近似も論議の対象としている。

A. Ishidori and A. Ruberti (1984) は，ヴォルテラ級数を用いて定式化を試み，線形化可能のための必要十分条件と線形化フィードバックを求めるアルゴリズムを，次のように導出している。

非線形システムを，次のような簡単な１入力，１出力とする。

$$\frac{dx}{dt}=f(x)+g(x)u \tag{1. 45}$$

$$y=h(x) \tag{1. 46}$$

ここで，x,u,y は，それぞれ状態，入力，出力であり，$f(x),g(x),h(x)$ は，x に関して解析的と仮定する。

この系では，入出力関係を $x(0)=x_0$ としたとき，出力 $y(t)$ は，次のヴォルテラ級数で表される。

$$y(t)=w_0(t,x_0)+\int_0^t w_1(t,t_1,x_0)\,u(t_1)\,dt_1 d\tau$$

$$+\int_0^t\int_0^{t_2} w_2(t,t_1,t_2,x_0)\,u(t_2)\,u(t_1)\,dt_1 dt_2+\cdots \tag{1. 47}$$

ここに，$w_i(t_i,\cdots,t_1,x_0)$ は，ヴォルテラ核 (Volterra kernel) と呼ばれ，i は，ヴォルテラ核の次数であり，以下のようになる。

$$w_0(t,t_0)=\sum_{n_i=0}^{\infty} L_f^{n_0}h(x_0)\frac{t^{n_0}}{n_0\,!} \tag{1. 48}$$

$$w_1(t,t_1,x_0)=\sum_{n_1=0}^{\infty}\sum_{n_0=0}^{\infty} L_f^{n_0}L_gL_f^{n_1}h(x_0)\frac{(t-t_1)^{n_1}t^{n_0}}{n_1!\,n_0!} \tag{1. 49}$$

$$w_2(t,t_1,t_2,x_0)=\sum_{n_2=0}^{\infty}\sum_{n_1=0}^{\infty}\sum_{n_0=0}^{\infty} L_f^{n_0}L_gL_f^{n_2}h(x_0)\frac{(t-t_2)^{n_2}(t_2-t_1)^{n_1}t_1^{n_0}}{n_1!\,n_0!} \tag{1. 50}$$

ここで，L_f^i，L_g は，次の式から計算できる。

$$L_f h(x)=\frac{\partial h}{\partial x}f(x),\quad L_f^1 h(x)=L_f h(x),\quad L_f^{i+1}h(x)=L_f\{L_f^i h(x)\} \tag{1.51}$$

$$L_g h(x)=\frac{\partial h}{\partial x}g(x) \tag{1.52}$$

これに対して線形システム：

$$\frac{dx}{dt}=Ax+Bu\quad (y=Cx) \tag{1.53}$$

の入出力応答は

$$y(t)=Ce^{At}x_0+\int_0^t Ce^{A(t-\tau_1)}Bu(\tau_1)\,d\tau_1 \tag{1.54}$$

で表される。そこで，A. Isidori，A. Ruberti (1984) は，システムのヴォルテラ級数が入力 x に関して，零次 (w_0) と1次項 (w_1) のみからなり，かつ，1次のヴォルテラ核が，初期値に無関係で ($t-\tau_1$) の関数となるとき，つまり，システムのヴォルテラ級数表現が

$$y(t)=w_0(t,x_0)+\int_0^t w_1(t-\tau_1)\,u(\tau_1)\,d\tau_1 \tag{1.55}$$

と表せるとき，入出力線形であると定義している。また，システムがフィードバックを含めた式（1．45）に対して，座標変換とフィードバックを考えた式（石島辰太郎，三平満司 (1989)）を導入して，入出力線形にできるための必要十分条件と，線形フィードバックの設計アルゴリズムを導出している。

M. Kõcirik *et al*. (1988) は，ヴォルテラ級数から，吸着平衡における分子接収量の計算を行っている。S. Mehta, W. E. Steward (1998) は，複雑系のステップ応答モデル化で，微分方程式と代数方程式の結合する界面問題へ，ヴォルテラ級数を感度解析に利用している。

その他の非線形関数の近似法として，基底関数の重ね合わせであるスプライン関数，また，最近ファジィ推論の数式として，ラジアル基底関数法 (RBF 法) があり，RBF 法は従来のニューラルネットワークに比べ，学習が1000倍も高速となるといわれている。また，自己増殖型アルゴリズムでは，一般化ラジアル基底関数 (GRBF, generalized radial basis) などあり，ファジィ・ルールを

自動的に求めることも可能になっている。

1．4　振動の安定性

非線形方程式の定常安定性を考えよう。一般に，非線形方程式は，次式で表示される。

$$\frac{dx_i}{dt}=f_i(x_1,x_2,\cdots,x_n) \tag{1.56}$$

ベクトル表示では

$$\frac{d\boldsymbol{x}}{dt}=\mathrm{f}(\boldsymbol{x}) \tag{1.57}$$

ここで

$$\boldsymbol{x}=\begin{bmatrix} x_1 \\ x_2 \\ \vdots \\ x_n \end{bmatrix},\quad \mathbf{f}=\begin{bmatrix} f_1(\boldsymbol{x}) \\ f_2(\boldsymbol{x}) \\ \vdots \\ f_N(\boldsymbol{x}) \end{bmatrix} \tag{1.58}$$

いま，$x_{is}(t)$ を定常状態とする。$\tilde{x}_i(t)=x_i(t)-x_{is}(t)$ とおくと，定常状態では

$$f_i(\boldsymbol{x}_s)=0,\quad i=1,2,\cdots,n \tag{1.59}$$

これを元の式に代入して，Taylor 展開すると

$$\frac{d\tilde{x}_i(t)}{dt}=\sum_{j=1}^{n}\left[\frac{\partial f_i(\boldsymbol{x})}{\partial x_i}\right]_{x=x_s}\cdot\tilde{\boldsymbol{x}}_j(t),\quad i=1,2,\cdots,n \tag{1.60}$$

ベクトルで表すと

$$\frac{d\tilde{\boldsymbol{x}}}{dt}=\mathbf{A}\,\tilde{\boldsymbol{x}} \tag{1.61}$$

ここに

$$\tilde{\boldsymbol{x}}=\begin{bmatrix}\tilde{x}_1\\ \tilde{x}_2\\ \vdots\\ \tilde{x}_n\end{bmatrix},\quad \mathbf{A}=\begin{bmatrix}\frac{\partial f_1}{\partial x_1} & \frac{\partial f_1}{\partial x_2} & \cdots & \frac{\partial f_1}{\partial x_n}\\ \frac{\partial f_2}{\partial x_1} & \frac{\partial f_2}{\partial x_2} & \cdots & \frac{\partial f_2}{\partial x_n}\\ \vdots & & & \vdots\\ \frac{\partial f_n}{\partial x_1} & \frac{\partial f_n}{\partial x_2} & \cdots & \frac{\partial f_n}{\partial x_n}\end{bmatrix}_{X=X_S} \tag{1.62}$$

ここで，次の2次元の自律系力学方程式を考える。

$$dx/dt=f_1(x,y),\quad dy/dt=f_2(x,y) \tag{1.63}$$

一般に，x,y 面を相平面（相空間）と呼び，この解を相平面上に表した曲線を軌道と呼ぶ。軌道の方程式は，式（1．63）より

$$\frac{dy}{dx}=\frac{f_2(x,y)}{f_1(x,y)} \tag{1.64}$$

このとき，$f_1=f_2=0$ となる点を特異点というが，これは平衡点である。平衡点付近の軌道の様子と，その安定性，不安定性は，平衡点（x_0,y_0）とするとき，この点での微係数：

$$a=\frac{\partial f_1}{\partial x},\quad b=\frac{\partial f_1}{\partial y},\quad c=\frac{\partial f_2}{\partial y},\quad d=\frac{\partial f_2}{\partial y} \tag{1.65}$$

を用いて求める。さらに，$\xi=x-x_0$，$\eta=y=y_0$ とおいて，線形近似すると，

$$\frac{d\zeta}{dt}=a\zeta+b\eta,\quad \frac{d\eta}{dt}=c\zeta+d\eta \tag{1.66}$$

となり，行列の固有値を次式によって求める。

$$\begin{vmatrix}a-\lambda & b\\ c & d-\lambda\end{vmatrix}=0,\ \text{あるいは}\quad \lambda^2+p\lambda+q=0 \tag{1.67}$$

式（1．67）は，特性方程式と呼び，その根は次のように求められる。

$$\lambda_1,\ \lambda_2=\frac{1}{2}[-p\pm\sqrt{p^2-4p}],\qquad \text{ここで，}\ p=-(a+b),\ q=ad-bc \tag{1.68}$$

図1．14は，特性方程式（1．67）の2つの根によって，ζ,η 平面上の軌道(軌跡)がどのように変化するかを示したものである。ここで，根の特性の横軸λは実数軸，縦軸は虚数軸である。

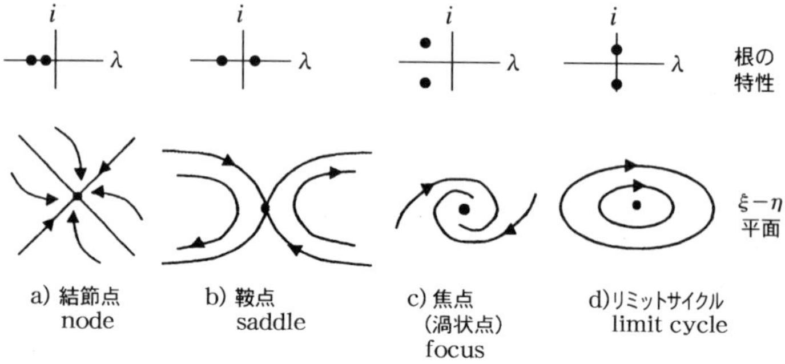

図1．14　流れの分類

式（1．67）の判別式（$D=\sqrt{p^2-4q}$）が正であれば，2つの実根となり，このとき

$\lambda_1 \neq \lambda_2$ のとき

$$\zeta = A\exp(\lambda_1 t) + B\exp(\lambda_2 t) \tag{1．69}$$

$\lambda_1 = \lambda_2$ のとき

$$\zeta = (A+Bt)\exp(\lambda_1 t) \tag{1．70}$$

λ_1,λ_2 がともに負であれば，時間 t とともに，式（1．69）の右辺の第1，2項はゼロに収束し，ζ,η 平面上の軌動は，**図1．14 a)**のように1つの平衡な点（安定結節点）に収束し系が安定になる。この(a)の状態を，ノード（node）という。また，λ_1，λ_2 が実数で，符号が異なる場合は，軌道は**図1．14 b)**のように，相空間内で平衡点（鞍点）に向かって，ある一方向より近づいていく安定な軌道と，安定な軌道とは別の方向に沿って，平衡点より離れて行く不安定な軌道が存在する。この状態を，サドル（saddle）という。一方，Dが負であれば，2つの複素共役根（$\alpha \pm \beta_i$）となり，$C_1e^{\alpha t}\cos(\beta t + C_2)$ の形の解が得られ，振動系となる。$\alpha<0$ の場合は，**図1．14 c)** のように平衡点（焦点，渦状点）へ収束する。この状態を，焦点（focus point）という。焦点の位置は，式（1．66）において $d\zeta/dt=d\eta/dt=0$ で求められ，この点は，相空間内では不動であるため，不動点と呼ばれる。$\alpha=0$ の場合は，どの初期値から出る軌跡も，**図1．14 d)** のように初期値を含んだ閉曲線となり，これをリミットサイクル（limit cycle）という。

［例題1．2］ 図E1．1のばねとダッシュポットの組み合わせた力学系で，質量 m の物体がばね係数 k のばねに吊り下げられており，振動を吸収するためのダッシュポットが取り付けられている。

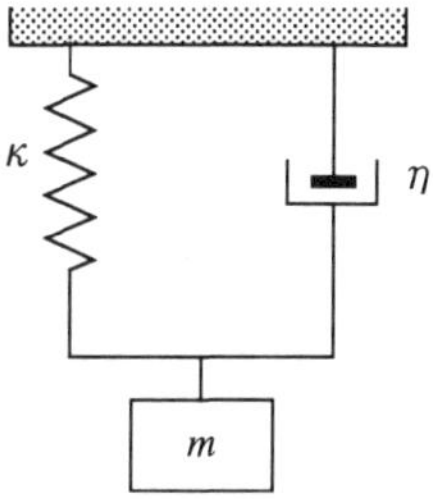

図E1．1　ばねとダッシュポット

物体に外力を加えると，ダッシュポットがない場合は単振動となるが，ダッシュポットがある場合，これにより，速度に比例する抵抗（$\eta(dy/dt)$）が吸収され，その力学的エネルギーは，次第に失われて，減衰振動となる。この運動方程式は

$$m\frac{d^2y}{dt^2}=-ky-\eta\frac{dy}{dt} \tag{E1．3}$$

と表現できる。$m=k=1$，初期値を $y=1.0, -dy/dt=1.0$ とし，次の1)，2)を計算せよ。

① $\eta=0.1$ の場合の，t 対 y，および $x(=-dy/dt)$ 対 y の軌跡

② η をそれぞれ $0, -0.1$ としたときの $x(=-dy/dt)$ 対 y の軌跡

［解］ 式（E1．3）で，$y=e^{\lambda t}$ とおいて，これを，微分方程式に代入した特性方程式は，次のように示される。

$$m\lambda^2+\eta\lambda+k=0 \tag{E1．4}$$

① $\eta=0.1$ の場合は，図1．14 c)に相当し，t 対 y の軌跡は，**図E1．2 a)** のように減衰振動となり，ゼロへ収束する。$x(=-dy/dt)$ 対 y の相空間軌跡は**図E1．2 b)** となり，平衡点（鞍点）に収束する。

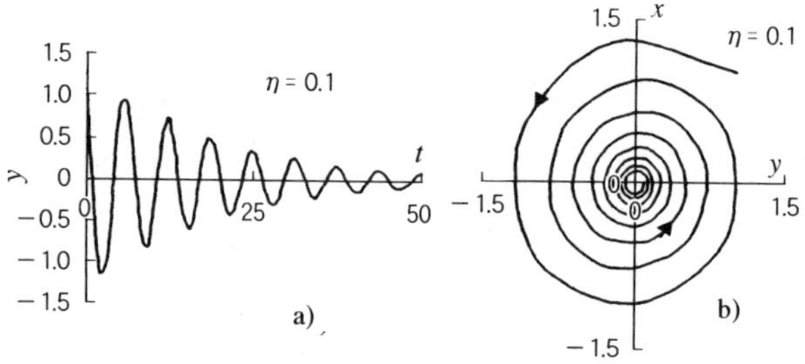

図E１．２　例題１．２－１）の解，
a）t 対 y，b）$x(-dy/dt)$ 対 y

② $\eta=-0.1$ の場合は，根は虚数となり，実部が正の値をとるため不安定である。$x(=-dy/dt)$ 対 y の相空間軌跡は，図Ｅ１．３ **a**）に示すように，初期値（1，1）より円を描きながら発散する。$\eta=0$ の場合は，$\lambda_1=\lambda_2$ に相当し，図１．３ **b**）の初期値を含むリミットサイクルになる。

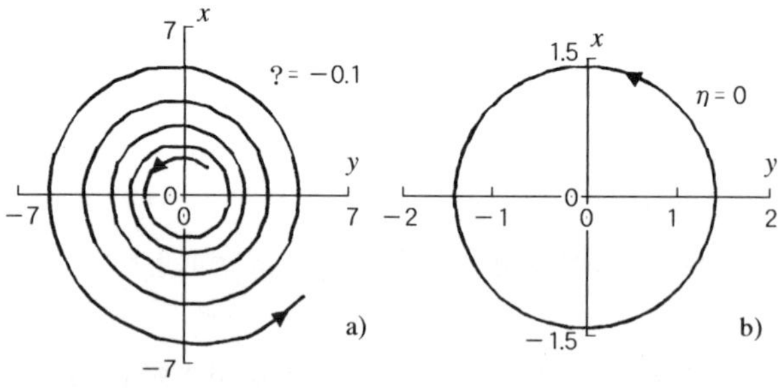

図Ｅ１．３　例題１．２－２）の解　a）$\eta=-1$，b）$\eta=0$，
における $x(=-dy/dt)$ 対 y の軌跡

この**例題**にも見られるように，パラメーター η, m, k を変えることによって安定になったり，不安定になったりする。この現象を，**分岐現象**（bifurcation）といい，分岐に影響するパラメーターを分岐パラメーター，分岐が起きるパラメーター値を分岐点と呼んでいる。たとえば，ばね定数がばねの劣化により減少したり，また，抵抗 η が物体の置かれている環境の変化で変動する場合なども考えられる。分岐現象の代表的なものとして，次の３つがある。

(a)　サドルノード分岐；パラメーターを変化させたときの固有値が $+1$ で不安定化し，サドルとノードが衝突して消える現象をいう。

(b)　ホップ分岐；ノードの状態から図1．14 d)のように，安定な周期解(リミットサイクル）が得られる現象，あるいは，その逆の現象をいう。

(c)　周期倍分岐；ノードがサドル型周期となり，それまでの 2^n の形の周期性が破れ，2^{n+1} の形の周期をもつノードが発生する現象をいい，固有値の1つが -1 になる。

J. M. T. Thompson は，弾性体の安定論において，弾性体に荷重を加えると，座屈（bucking）が起こり，系の剛性は正から負に（判別式 D が正となり）変動して，安定なノードの状態から不安定はサドルに変わることを示した。また，弾性体に横風があたると，ギャロッピング（galloping）が起こり，発散する渦状点に移行することも示している。このように，分岐現象を繰り返すことにより，カオスは出現するといわれている。

さて，**図E 1．2 a**)では，減衰振動は次第に減少し，最後には静止することになるが，外から絶えず外力を作用させると，運動が継続する。**例題1．2**に示したばねとダッシュボードの組み合わせた力学系において，質量 m の物体の下から $F=F_0\cos\Omega t$ の振動外力が作用すると，強制振動になる。この場合，運動方程式は，式（E 1．3）の右辺に F を加えればよく，次式になる。

$$m\frac{d^2y}{dt^2}+\eta\frac{dy}{dt}+ky=F_0\cos\Omega t \tag{1.71}$$

図1．15は，$F_0=1$ とし，$\Omega=1.0$ および0.25における t と y の関係を示したもので，$\Omega=1.0$ では振動周期が 2π，すなわち，**図E 1．2 a**)の周期とほぼ同じである。この場合，2つの周期が共鳴して，振幅はおおよそ8.3程度に増幅され継続する。周期を約1/4にした $\Omega=0.25$ では，外

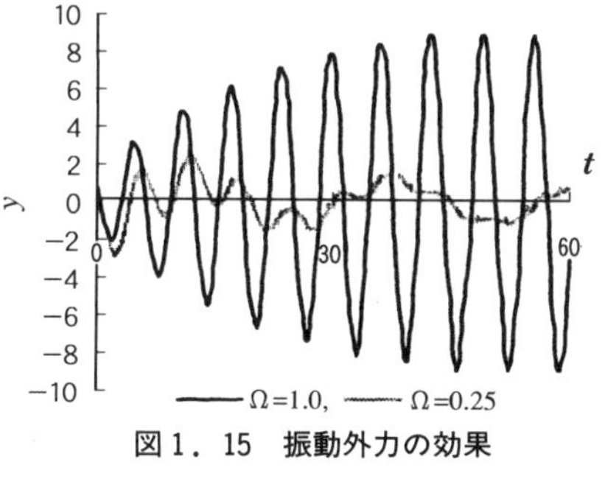

図1．15　振動外力の効果

力の振動の効果が残り，複雑なカーブを描くことになる。

J. C. Friedly (1972) は，Poincaré-Benedixon 定理より，定常点の関係において，閉鎖サイクルに囲まれる領域内では

$$F+N+C-S=1 \tag{1.72}$$

が成立すると述べている。ここに，F：焦点，N：結節点，C：渦心点，S：鞍点の数

O. Bilous, N. R. Amundson (1995) は，流通槽型反応器 (CSTR) において，F=0，N=2，S=1，C=0 となり，上式が成立することを示した。J. M. Douglas, D. W. T. Rippen (1966) は，CSTR において，F=1，N=0，C=1，S=1 で，この方程式が適用しうるとしている。

一般の非線形系において，$t\to\infty$ で，状態が原点に近づくとき，軌道は，漸近的に安定であることが保証される。いま，非線形自律系

$$\frac{dX}{dt}=f(X) \tag{1.73}$$

の定常点は，$\zeta=x-x_s$ として (x_s：定常点)

$$f(\zeta)=0 \tag{1.74}$$

このとき，リアプノフ(Lyapunov)関数 $V(\zeta)$ とすると，$|\zeta|\to\infty$ にて，$V(\zeta)\to\infty$，$V(\zeta)>0$，$dV/dt=\nabla_\zeta\cdot f$，$f=d\zeta/dt$ のとき，漸近的に安定という。

また，$f(x)$ について，Taylor 展開して，2 次項までとると

$$f(x)=f(0)+\nabla_x f(0)\cdot x+\frac{1}{2}X\cdot R(\hat{x})x \tag{1.75}$$

ここに，$\hat{x}$ は x と 0 との中間にあり，$\nabla_x f(0)$ は線形系の行列と同等である。

リアプノフ関数 $V=(1/2)(XQX)$，(Q：正の任意の対称行列，X：x の行列) とすると，$dV/dt<0$ から，Q の行列の固有値において実数部が負であるとき，軌道は安定となる。

[例題 1．3]　いま，A→生成物なる液相反応を，流通槽型反応器 (CSTR)

で行うとき，物質と熱の収支から，次式を得る（M. M. Denn（1975））。

$$V\frac{dC}{dt}=\nu(C_f-C)-V\cdot r(C,T) \tag{E 1. 5}$$

$$\rho C_p V\frac{dT}{dt}=\rho C_p\nu(T_f-T)+(-\Delta H)Vr(C,T)-UA(T-T_c) \tag{E 1. 6}$$

ここで，C：濃度，C_p：比熱，V：反応器体積，ν：流量，$-\Delta H$：反応熱，U：総括伝熱係数，A：伝熱面積，T：温度，T_f：原料温度，T_c：冷媒温度，ρ：液密度とする。

いま，$r(C,T)=k_0e^{-E/RT}C$（1次反応）とし，（E：活性化エネルギー，R：ガス定数），$x=C/C_f$，$y=T/T_f$，$\alpha=k_0V/\nu$，$\delta=UA/\rho\nu C_P$，$\beta=(-\Delta H)C_f/(\rho C_p(1+\delta)T_f)$，$\gamma=E/RT_f$，$\theta=\nu_1/V$，$\phi=(1+\delta T_c/T_f)/(1+\delta)$
と変換すると，次式を得る。

$$\dot{x}=1-x-\alpha xe^{-\gamma/y} \tag{E 1. 7}$$

$$\dot{y}=(1+\delta)[\phi-y+\alpha\beta xe^{-\gamma/y}] \tag{E 1. 8}$$

$\zeta=x-x_s$，$\eta=y-y_s$，リアプノフ関数 $V=(1/2)\cdot(\zeta^2+\eta^2)$ とおくと，外乱に対して，安定であるには，いかなる条件が得られるかを示せ。

［解］ いま，$V(\zeta)>0$，$dV/dt<0$ から，次の不等式を得る。

$$1+\alpha e^{-\gamma/y}>0 \tag{E 1. 9}$$

$$4(1+\delta)(1+\alpha e^{-\gamma/y})[1-\alpha\beta x_s\Delta(y,y_s)-\alpha^2\{x_s\Delta(y,y_s)-(1+\delta)\beta e^{-\gamma/y}\}^2]>0 \tag{E 1. 10}$$

ここに

$$\Delta(y,y_s)=\frac{e^{-\gamma/y}-e^{-\gamma/y_s}}{y-y_s} \tag{E 1. 11}$$

これは，特性方程式：$a_{11}\lambda^2+(a_{12}+a_{21})\lambda y+a_{22}$，（$\lambda$：パラメータ）の根より，安定系のためには，すべての係数が正として

$a_{11}>0$　　（勾配条件）　　（E 1．12）

$4a_{11}a_{12}-(a_{12}+a_{21})^2>0$　　（動的条件）　　（E 1．13）

に相当している。

1．5　不確定性の評価法

現実の世の中には，確実に正しいことは少なく，あいまいな情報が満ちあふれている。我々は，この**あいまいさ**への挑戦として，もろもろの現象を予測しようとして，法則というものを考え，予測の精度を上げようとしてきた。予測方法の1つは，観察されるデータを，物理・化学現象のモデルを用いて説明しようとの試みで，決定論（または解析論）的手法といわれている。もう1つは，決定論的手法ではどうしても説明できないため，確率統計現象（非決定論）としてとらえる方法で，診断などの分類型問題では，ベイス確率論がしばしば利用されてきた。しかし，システムが大きくなると，決定論や確率論だけでは不十分で，別の手段で入力と出力を関連づける必要が生じてきた。

化学プラントを例に取り上げてみよう。時系列データの中には，振動を伴い測定値にあいまいさをもつもの，応答が非線形で，時間遅れを生じたり，カオスを生じる場合など多岐にわたっており，PID 制御などの決定論的手法での制御が困難なものが多く現れている。そのため，プラントの運転管理やプロセス制御においては，理論的操作も多いが，理論的に裏付けできない人間の経験的知識や主観という「**あいまい**」な部分に対応するため，非線型要素を含んだ制御や，経験を積んだオペレータが不可欠であった。1980年代より，エキスパートシステムに代表される知識工学が発展し，計算機にオペレータの経験則を組み込む試みがなされ，異常診断システムとして普及した。続いて，この「あいまいさ」の定量化を試みたのが，ファジィ理論であるが，これらは決定論的な要素が少なく，さらに精度が要求されている。それ以降，ファジィ理論を改善したともいえる階層化意思決定（AHP, Analytical Hierarchy Process）法，神経細胞網の類似性を関数化したニューラルネットワークの手法が用いられ，化学プラントの制御や運転支援に用いられるとともに，画像処理にも利用されるようになり，より精度の高い制御や運転管理が行われている。しかし，これらは，決定論といってもあくまでも近似であり，不確定性の存在は避けられない。

このように，あいまいさの定式化や判別には，いろいろな手法が提案されているが，次の節では代表的なものを以下に記す。

１．５．１　確率・統計（ベイズ確率）による手法

定常な時系列は，データが蓄積されるにしたがって，より精度の良いモデルを作ることができる。しかし，非定常時系列の場合は，過去のデータが利用できないため，確率変数 $X(1), X(2), \cdots, X(N)$ の観測値 $x(t_1), x(t_2) \cdots x(t_N)$ から，事象分布の密度関数 $P(z)$（z：真の事象）を推定することになる。しかし，定常でないデータは，よく調べると定常過程に近い，あるいは，一部のデータを抽出すると，定常とみなせるものなどあり，過去のデータ（事前情報）から，z に関する情報を引き出すことができる場合が多い。

事前情報の確率を $P(z)$ の密度関数で表し，そして $P(z)$ に関し，過去の経験やデータ解析より，一つの分布関数を仮定する。この仮定には，最小自乗法などの「あてはめ」の手法などが用いられ，関数としては，**表１．１**で示したポアソン分布，F 分布，t 分布など，あるいは後述の自己回帰モデルなども用いられ，z が推算される。

原因となる事象 z が起こったことが知られている条件下で，結果の事象 x が起こる確率を，条件付確率 $P(x|z)$ とすると，

$$P(x|z) = P(x,z)/P(z) \qquad (1.76)$$

ここで，$P(x,z)$ は事象 x,z が同時に起こる確率，$P(z)$ は z が起こる確率である。

いま，

$$P(x,z) = P(x|z) \cdot P(z) = P(z|x) \cdot P(x) \qquad (1.77)$$

したがって

$$P(z|x)=P(x|z)\cdot P(z)/P(x) \tag{1. 78}$$

となる。いま，z が，$z_1,z_2,\cdots,z_N$ のN個あり，お互いに独立であるとき

$$P(x)=\sum_{i=1}^{N}P(z)\cdot P(x|z) \tag{1. 79}$$

この式を式（1．77）に代入すると

$$P(z_i|x)=\frac{P(z_i)\cdot P(x|z_i)}{\sum_{i=1}^{N}P(z_i)\cdot P(x|z_i)} \tag{1. 80}$$

ここで，$x=[x(t_1),x(t_2)\cdots x(t_N)]^T$

これは，結果から原因を推定するための関係として利用でき，**ベイズ(Bayes)の定理**という。この定理は，事前事象 $P(z)$ を原因と考え，$x(t_j)$ をその結果とみなしているが，その因果関係は確定的に１つに決まるものではない。すなわち，原因 $P(z)$ によってどの結果が起こるかは，確率的にのみ決まるものとしている。原因 $P(z)$ の起こった場合の結果 $x(t_j)$ $(j=1,2,\cdots,N)$ が起こる条件付確率 $P(x_j|z_i)$ を，すべての i, j について分かっていると仮定した定理である。$P(z|x)$ を結果 x の与えられたときの z の事後確率（a posteriori probability）といい，これに対して，$P(z)$ を事前確率（a prior probability）と呼ぶ。

この手法は，統計学でいう第１種の誤りに基づく損失と，第２種の誤りに基づく損失の和の期待値を最小にするには，どのような判定法を用いるべきかが問題となっている。

一例として，プラントのデータを受信し，その信号が正常か否かを調べるシステムを考える。正常である事前事象の確率 $P(z_1)$，すなわち，π_1 と，正常でない異常の事前確率 $P(z_2)$ すなわち，$\pi_0=1-\pi_1$ は既知であるものとし，さらに，正常の場合は，受信信号 x は $P_1(x)$，異常の場合は $P_0(x)$ の密度関数を有し，ともに既知とする。このとき，ベイズ解に従って，正常時の確率は

$$P(1|x)=\frac{\pi_1P_1(x)}{\pi_0P_0(x)+\pi_1P_1(x)} \tag{1. 81}$$

で与えられ，異常時の確率は

$$P(0|x)=\frac{\pi_0 P_0(x)}{\pi_0 P_0(x)+\pi_1 P_1(x)} \tag{1. 82}$$

で与えられるから，仮説検定として

$P(0|y)>P(1|y)$　ならば　仮説 H_0 を採用

$P(0|y)\leqq P(1|y)$　ならば　仮説 H_1 を採用

とするのが判定である。

花熊克友ら（1995）は，直鎖状低密度ポリエチレン製造装置の触媒供給系において，システムをAR(自己回帰)モデルで表現し，触媒流量異常信号の検出にベイズ解を利用し，早期異常信号の検出が可能になったことを報告している。J. K. Won, M. Modarres (1998) は，CSTRの異常診断において，システムモデルを尤度関数（Likelihood function）で表現し，修正したベイズ推論法を用いて，正確な診断が達成されたことを報告している。

［例題1．4］ 漁業者が魚場で t 時間に n 個の魚群を見つけ捕らえる確率は，次のポアソン分布に従うと仮定する。

$$P(n|x)=\frac{e^{-xt}(xt)^n}{n!},\quad n=0,1,\cdots \tag{E 1. 14}$$

x は，漁期とともに変化するが，一つの漁期中では一定の値である。いま，x の分布として，式（1．34）の Γ 分布を仮定する。この分布の平均は k/α，分散は k/α^2 である。いま，時間 $t+\alpha$ において，漁業者が魚群を見つける確率は，どのようになるか。(鈴木　武，山田作太郎（1996))

［解］ ある漁期の t 時間に操業を行って，n 個の魚群を見つけ捕らえたとすると，漁業者は，この漁期に，この魚場における x を推定するのに事後分布

$$P(x|n)=\frac{P(x)P(n|x)}{\sum P(x)P(n|x)} \tag{E 1. 15}$$

を用いる。この式の分母は，簡単な計算から

$$\frac{\alpha^k t^n}{\Gamma(k)n!}\cdot\frac{\Gamma(n+k)}{(t+\alpha)^{n+k}} \tag{E 1. 16}$$

となる。したがって，事後分布は次のようになる。

$$P(k|n)=\frac{\lambda^{n+k-1}}{\Gamma(n+k)}(t+\alpha)^{n+k}e^{-(\alpha+t)x} \qquad (\text{E}\,1.\,17)$$

これは，時間 $t+\alpha$ における確率となる。

1．5．2　ファジィ理論

クリスプ集合（Crisp Set）論では，ある要素がその集合に属している度合いを，0（なし）か 1（属している）のどちらかしか認めない 2 値論理であるのに対し，L. A. Zadeh（1965）によって提案されたファジィ理論は，中間の度合いを認めており，この所属の度合いを表す概念を，**メンバーシップ関数**（Membership function），μ_A と呼ぶ。

例として，暖かい気温の概念を考えてみよう。クリスプ集合の概念では，暖かい気温は，**図 1．16**（破線）のように 2 値論理で表される。しかし，人の感覚はそれぞれ異なり，14°Cは暖かくなく，15°Cは暖かいという判断は，不自然である。そこで，**図 1．16**（実線）のような関数を割り付け，感覚を表現することにする。

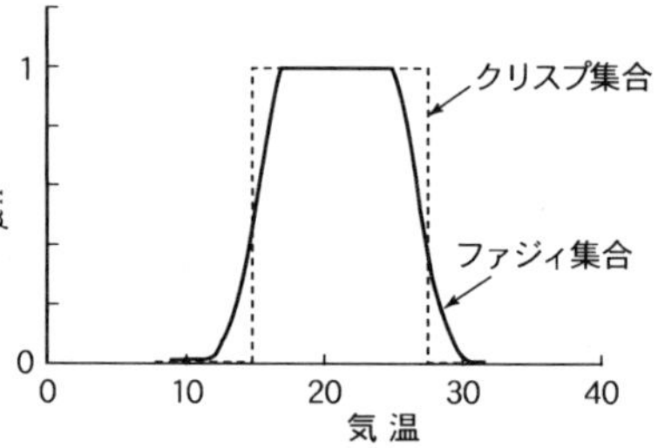

図 1．16　暖かい気温のクリスプ集合とファジィ集合

すなわち，25°Cはすべての人が暖かいと感じるので，μ_A(25°C)＝1，15°Cのときは，約 5 割の人が暖かいと感じるので，μ_A(15°C)＝0.5 と，種々の温度でプロットすると，現実味のある表現（この場合は台形）が可能になる。これがメンバーシップ関数と呼ばれるもので，全体集合の中で，ファジィ（Fuzzy）集合 A のメンバーシップ関数を，μ_A と表す。メンバーシップ関数には，台形のほかに，三角型，釣り鐘型などがよく使われるが，シグモイド型を用いる場合もあり，多種多様である（向殿政男（1989））。

ファジィ集合での演算は，クリスプ集合の演算とほとんど同じで，和集合（OR），積集合（AND）および補集合（Exclusive-OR）の 3 つで定義されているが，クリスプ集合での相補法則（$A \cup A = U$ および $A \cap \bar{A} = \phi$）は，ファジィ集合の演算では成立しない。

また，ファジィ演算は，If ～ Then のプロダクションルールで書かれ，時系列データの再構成に利用される。

1．5．3　階層化意思決定法（AHP 法）

問題が複雑・多岐になると，意思決定に複数の選択案の重みと，選択基準を含めて計算しなければならない。**AHP**（Analytical Hierarchy Process）は，これに基づいて合理的に計算する方法であり，意思決定で決めたい重みは，選択案の重みと選択基準の重みの付け方の2種類が使用される。AHP では，選択基準の重みを求め，次いで，選択案の重みを求める。すなわち，選択案 i の重要性 x_i は，選択基準の重み w_i と選択案の重み v_{ij} を用いて

$$x_i=\sum_{j=1}^{n} v_{ij}\cdot w_i \qquad (i=1,2,\cdots,m) \tag{1.83}$$

として計算する。この方法の特徴は，選択案の評価基準の重みと，評価基準 i における選択案の重みの求め方にあり，2つの要素を取り上げて，その1対ごとに比較をすることである。このとき，整合度 C を次のように求めている。

$$C=\frac{\lambda_{\max}-n}{n-1} \tag{1.84}$$

このとき，n 個の選択案について，評価基準と選択案の重みは，$n\times n$ の行列となり，この最大固有値 $\lambda_{\max}$ の整合性を見る。整合度 C が小さいとき，入力した回答に一貫性がないとして，検討し直す。AHP では，繰り返し回数が大きく減少できる。整合度 C を用いるので，客観的に評価でき，知識獲得の手段として利用しうる（星　缶彦，平藤雅之，本条　毅（1990））。

1．5．4　ニューラルネットワーク法

神経回路網を模倣した手法で，広く用いられている Back propagation（誤差逆伝播法：BP 法）の数学モデルを図1．17に示す（J. L. McClelland，D. E. Rumelhart（1988））。

ネットワークは階層構造をもち，ユニット（◯印）への入力 $X=(x_1,x_2,\cdots,x_n)$

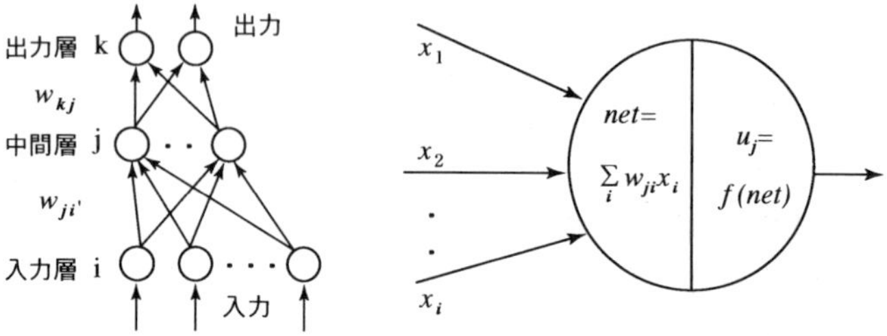

図1．17　階層型ネットワークとユニットの入出力概念図
（大松　繁(1992)）

は，結合係数 w_{ji} で重み付けが行われ，その和 net が計算される。次いで，伝達関数で変換され，出力 u_j となる。伝達関数としては，次のシグモイド関数がよく用いられる。

$$f(net)=\frac{1}{1+\exp(-s_j)},\quad s_j=net-\theta,\quad net=\sum_{i=1}^{n} w_{ji}x_i \qquad (1.85)$$

ここで，θ：バイアス（bias），あるいは，しきい値と呼ばれるパラメータである。

出力層の出力 y_k は，目標値（教師データという）y_{tk} との偏差平方和を

$$E=\sum_{k=1}^{k}(y_k-y_{tk})^2 \qquad (1.86)$$

とし，最適化法の一つでもある最急降下法で，最適な結合係数およびしきい値を求める。この探索を学習と呼び，探索回数 n を学習回数という。大松繁(1992)は，出力層と中間層で，微少量 $\delta(>0)$ に対して，結合係数の修正量を

$$\Delta w_{kj}=-\frac{\partial E}{\partial w_{kj}}\delta,\quad \Delta w_{kj}(\mathrm{n}+1)=\eta\cdot\delta_k y_j+\alpha\Delta w_{ji}(\mathrm{n}) \qquad (1.87)$$

として，w_{ji} を推算する方法を提案している。ここで，α：運動量係数，η：学習係数。

計算量が多く，学習回数法が多くなるが，これらの解決法として，シグモイド関数に変わる伝達関数の採用，学習時における中間層の中で寄与率の少ないユニットの淘汰，最適アルゴリズムとして，最急降下法の代わりに，共役勾配

法の採用，などが報告されている。また，石田良平ら（1992）は，拡張カルマンフィルター法を，ニューラルネットワークの学習問題に適用して，収束誤差の改善や学習回数の減少を達成している。

その他，情報処理としては，遺伝的アルゴリズム（GA）が開発されている。これは，生物の遺伝子の選択(淘汰)，交叉，突然変異，逆位などの操作に準じて，計算機内の演算に適用し，経済的価値のあるモデルを作り，極値解を迅速に得る方法である。

参 考 文 献

1）合原一幸，五百旗頭正：カオス応用システム，p.118，朝倉書店　(1995)
2）Bilous, S., N. R. Amundson : *AIChEJ*.,**1**, 513-521 (1955)
3）大松　繁：ニュロコントロールと適応制御，システム/制御/情報，**36**，769-775 (1992)
4）Denn, M, M.: Stability of Reaction and Transport Processes, Prentice-Hall. Inc., Englewood Cliffs, New Jersey (1975)
5）Douglas, J. M., D. W. T. Rippen : *Chem. Eng. Sci*., **21**, 305 (1966)
6）Friedly, J. C.: Dynamic Behavior of Processes. Prentice-Hall, Inc., Englewood Cliffs, New Jersey (1972)
7）広松　毅，浪花貞夫：経済時系列分析，朝倉書店 (1990)
8）Hunt. L. R., R. Su, G. Meyer : Design for Multi-Input Nonlinear Systems in R. W. Brockett et al. Eds., Differential Geometric Theory. Birkhauser (1982)
9）花熊克友，中矢一豊，竹内健史，佐々木隆志，中西英二：逐次再尤推定法とベイズの統計量推論を用いた異常信号の検出法，化学工学論文集，**21**，703-706 (1995)
10）花熊克友，山本順三，中西英二：トレンド除去信号を用いたベイズの統計量推論によるプロセス異常信号の検出法，化学工学論文集，**24**，803-805 (1998)
11）星　岳彦，平藤雅之，本条　毅：バイオエキスパートシステムズ―生物生産におけるAI/ニューロ・コンピューティング，コロナ社 (1990)
12）石田良平，村瀬治比古，小山修平，杉山吉彦：拡張カルマンフィルターによる超高速ニューロ学習，第1報，排他的論理和問題への適用，日本機械学会論文集(C編)，**58** (552)，2507 (1992)
13）石島辰太郎，三平満司：非線形システム理論の最近の話題，システム/制御/情報，33 (9)，437-444 (1989)
14）Isidori, A., A. Ruberti : On the Synthesis of Linear Input-Output responses for

Nonlinear Systems, Systems and Control lettes, **14** (1), 17-22 (1984)
15) Kõcirik, M., G. Tschirch. P. Struve, M. Bülow : Application of the Volterra integral equation to the mathematical modeling of Adsorption Kinetics under Constant-volume/variable concentration conditions. *J. Chem. Soc., Faraday Trans.*, **1**, 84, 2247-2257 (1988)
16) Krener, A. J. : Approximate Linearization by State Feedback and Coordinate Change : *Systems and Control Letters*, **5**, 181-185 (1984)
17) Li, T. Y., J. A. York : Period Three Implies Chaos, American Mathematical Monthly. 82, 985-992 (1975)
18) Lorenz, E. N. : Deterministic Non-Periodic Flow, *J. Atmos. Sci.*, 20, 130-141 (1963)
19) May, R. M. : Simple Mathemitical models with very complicated duynamics. *Nature*. **201**, 459-467 (1976)
20) 松葉育雄：カオスと予測，(合原一編：応用カオス pp.181-191　サイエンス社(1994))
21) McClelland. J. L., D. E. Rumelhart : Explorations in Parallel Distributed Processing, Cambridge, MA, MIT Press (1988)
22) Mehta, S., W. E. Stewart : Solution and Sensitivity Analysis of Differential-algebraic-Volterra Equation Systems, *Computers & Chem. Engng*. **23**, 135-158 (1998)
23) Moon, F. C. : Chaotic and Fractal Dynamics-An Introduction for Applied Scientists and Engineers, John Wiley & Sons, Inc., New York (1992)
24) 向殿政男：ファジィのはなし，日刊工業新聞社 (1989)
25) 永島知正，長井喜則，萩原利彦，土屋尚：計測と制御－時系列データ解析とカオス－，**29** (9), 53-60 (1990)
26) Prigogine, I., I. Stengers : Order Out of Chaos-Man's New Dialogue with Nature, p.259 －伏見康治，犬見譲，松枝秀明 共著，「混沌からの秩序」，Alvin Toffler Bantam Books, New York (1984)：みすず書房 (1987)
27) Reboulet, C., C. Champetier : A New Method for Linearizing Non-Linear Systems : the Pseudolinearization, *Int. of Control*, **40** (4), 631-638 (1984)
28) 下條隆嗣：カオス力学入門，シミュレーション物理学６，近代科学社 (1992)
29) Su, R. : On the Linear Equivalents of Nonlinear Systems, *System and Control Letters*, Vol. **2** (1), pp.48-52 (1982)
30) 鈴木　武，山田作太郎：数理統計学-基礎から学ぶデータ解析，内田老鶴圃 (1996)
31) 高安秀樹　編著：フラクタル科学，**3.** カオス構造とフラクタル (佐野雅巳) pp.58-116，朝倉書店 (1987)
32) 滝　保夫：岩波講座　基礎工学３“確率統計現象”岩波書店 (1968)

33) Thomson, J. M. T.: 不安定性とカタストロフ，吉沢修治，柳田英二共訳，産業図書 (1985)
34) Won, K., M. Modarres: Improved Bayesian method for diagnosing equipment partial failures in process plants, Computers Chem. Engng. **22**, 1483-1502 (1998)
35) Zadeh, L. A.: Fuzzy Sets, *Inform. Control*, 8, 338-353 (1965)
36) Zurer, P.: Slow road to ozone recovery, *Chem. Eng, News*, **77** (17), 9 (1999)

第2章　時系列の振動プロセスの解析

2．1　定常性とエルゴード性

信号の統計的性質は，多数の標本仮定をもとに，空間的に求めなければならず，このときエルゴード仮定について検討することが重要である。

たとえば，自己相関 $R(\tau)$ について考えよう。$t_1=t$，$t_2=t+\tau$ として

$$R(\tau)=\lim_{T\to\infty}\frac{1}{2T}\int_{-T}^{T}x_2(t+\tau)\cdot x_1(t)\,dt \tag{2. 1}$$

$R(\tau)$ は，$x_1(t_1)\cdot x_2(t_2)$ の期待値であるから，実測できないものである。この値は標本関数から計算・推定することになる。たとえば，1次の定常時系列の確率過程 $\{x(t)\}$ の期待値 m_x の推定値として，時間に関する標本平均を考える

$$\bar{x}=\frac{1}{N}\sum_{i=1}^{N}x(t) \tag{2. 2}$$

$\bar{x}$ は，$x(t)$ の有限個の和であり，それ自身も確率変数であり，その期待値は

$$E[\bar{x}]=\frac{1}{N}\sum_{i=1}^{N}E[x(t)]=\frac{1}{N}\cdot Nm_x \tag{2. 3}$$

で，定常確率仮定で期待値 m_x に等しい。このような確率過程をエルゴード過程（ergodic process）と呼ぶ。エルゴード過程は，単に $x(t)$ の時間平均だけでなく，期待値の存在する $x(t)$ の任意の関数に対しても，時間平均と期待値の一致が要求される。

いま，$R(\tau)$ の期待値 $E[R(\tau)]$ について，次のように定義する。

$$E[R(\tau)]=E[x(t+\tau)\cdot x(t)]=\phi_x(\tau) \tag{2. 4}$$

また，分散 $\sigma^2{}_{R(\tau)}=0$ とする。いま，次のようにおく。

$$R_T(\lambda)=\frac{1}{2T}\int_{-T}^{T}x(t+\lambda)\cdot x(t)\,dt \tag{2. 5}$$

この期待値は

$$E[R_T(\lambda)]=\lim_{T\to\infty}\frac{1}{2T}\int_{-T}^{T}x(t+\tau)\cdot x(t)\,dt=\phi_x(\lambda) \tag{2.6}$$

となるが，臼井支朗，伊藤宏司，三田勝巳（1985）に従って，

$$\lim_{T\to\infty}\frac{1}{2T}\int_{0}^{2T}(1-\frac{\tau}{2T})[\phi_x(\tau)-\phi_x(\lambda)]d\lambda=0 \tag{2.7}$$

が成立しなければならない。このことは，$\phi_x(\tau)\equiv\phi_x(\lambda)$ となる。

すなわち，すべての統計的性質が，確率過程 $x(t)$ の１つの関数 $x_i(t)$ から決定されるとき，**エルゴード性**（Ergodic）があるという。

エルゴード性は，パワースペクトルに対しても成立する。すなわち，いま，$x(t)$ の $|t|\leq T$ の間でのみ値をもつ確率過程 $x_T(t)$ を

$$x_T(t)=\begin{cases}x(t) & : \quad |t|\leq T\\ 0 & : \quad |t|>T\end{cases} \tag{2.8}$$

で定義すると，$x_T(t)$ のフーリエ変換は存在する。フーリエ変換は，

$$X_T(\omega)=\int_{-\infty}^{\infty}x(t)\,e^{-j\omega t}dt, \qquad j=\sqrt{-1} \tag{2.9}$$

で与えられる。いま，次の関係を見てみると

$$\lim_{T\to\infty}\frac{1}{2T}\int_{-\infty}^{\infty}|x_T(t)|^2dt=\lim_{T\to\infty}\int_{-\infty}^{\infty}\frac{2\pi|X_T(\omega)|^2}{2T}\,d\omega \tag{2.10}$$

$x(t)$ の自乗積分は，パワースペクトルを表しており，角周波数 ω をパラメータとした確率変数になる。

$$P_T=\lim_{T\to\infty}\frac{1}{2T}\int_{-T}^{T}|x_T(t)|^2dt=\frac{1}{2\pi}\int_{-\infty}^{\infty}\lim_{T\to\infty}\frac{|X_T(\omega)|^2}{T}\,d\omega \tag{2.11}$$

このとき，次に**パーシバル**（Parseval）の定理を示す。

$$\int_{-\infty}^{\infty}|x_T(t)|^2dt=\int_{-\infty}^{\infty}2\pi|X_T(\omega)|^2d\omega \tag{2.12}$$

いま，積分の限界があるとき，次の定義を行う。

$$S_F(\omega)=\lim_{T\to\infty}\frac{|X_T(\omega)|^2}{T} \tag{2.13}$$

$x_T(t)$ の**パワースペクトル**（または Power density spectrum）P_T は，

$$P_T=\frac{1}{2\pi}\int_{-\infty}^{\infty}S_F(\omega)\,d\omega \tag{2.14}$$

定常過程の確率変数 $x(t)$ の自己相関関数 $R_{xx}(\tau)$ とすると，平均値がゼロとなるとき，そのフーリエ変換 $S_{xx}(\omega)$ を定常過程 $x(t)$ のスペクトル密度関数といい，次のように定義される。連続過程では，

$$S_{xx}(\omega)=\frac{1}{2\pi}\int_{-\infty}^{\infty}R_{xx}(\tau)\,e^{-j\omega\tau}d\tau \tag{2.15}$$

離散過程では

$$S_{xx}(\omega)=\frac{1}{2\pi}\sum_{-\infty}^{\infty}R_{xx}(\tau)\,e^{-j\omega\tau}\quad \omega=2\pi f,\quad -\frac{1}{2}\leq f\leq\frac{1}{2} \tag{2.16}$$

ここに，f は周波数である。

また，連続過程では，次のように表示される。

$$R_{xx}(\tau)=\int_{-\infty}^{\infty}S_{xx}(\omega)\,e^{j\omega\tau}d\omega \tag{2.17}$$

離散過程については，省略する。

式（2．15)，式（2．17) の関係を，**ウイナー-ヒンチン（Wiener-Khinchine）の定理**という（J. H. Seinfeld, L. Lapidus (1974))。

定常過程のスペクトルは，自己共分散関数のフーリエ変換を用いる。これとスペクトル密度関数は相互に関連しており，時間領域における時系列の周期性を周波数領域で解明することができる。パワースペクトルでは，各成分の全体に寄与する割合の平均が示される。関数の性質から，自己共分散関数 $C_{xx}(\tau)$ は次のように示される。

$$C_{xx}(\tau)=C_{xx}(-\tau),\qquad S_{xx}(\omega)=S_{xx}(-\omega) \tag{2.18}$$

また，$\tau=0$ とおくと，$C_{xx}(0)=\sigma_x^2$，$C_{xx}(\tau)=0$（白色雑音)。

離散表示に従って，時系列 $x_1,x_2,\cdots,x_N$ が与えられるとき，次式が得られる。

$$S_{xx}(\omega)=\sum_{s=-N+1}^{N-1}C_{xx}(\tau)\,e^{-j\omega\tau},\qquad \omega=2\pi nf \tag{2.19}$$

これは，**ピリオードグラム（Periodogram）**ともいわれる（臼井支朗，伊藤宏司，三田勝巳（1985））。

相互共分散関数 $C_{ij}(\tau)$ は，多変量時系列 $x_n(i)\,(i=1,2,\cdots,\ell)$ のときには，平均ベクトル，相互相関係数が必要となる。平均モーメント $\mu(i)=E[x_n(i)]$ として，

$$C_{ij}(\tau)=Cov[x_n(i),x_{n-k}(j)]$$
$$=E[(x_n(i)-\mu(i))(x_{n-k}(j)-\mu(j))] \qquad (2.\ 20)$$

このとき，k はラグ（Lag），$C_{xx}(\tau)$ は $Cov[x(t+\tau),x(t)]$ とも書く。

［例題2．1］北原和夫（1993）は，非平衡系のゆらぎの観点から，コンデンサーと抵抗器からなる回路を取り上げている。電荷 $Q(t)$ と電圧 $V(t)$，抵抗 R，容量 C からなる電気回路において，揺動電圧のパワー・スペクトラム $S_v(f)$ と容量の上にある電荷のパワー・スペクトラム $S_Q(f)$ の間に，次の関係があることを示せ。

$$S_Q(t)=\left|\frac{C}{j2\pi fCR+1}\right|^2 S_v(f) \qquad (E\,2.\ 1)$$

［解］電荷 $Q(t)$ と電圧 $V(t)$ のフーリエ変換を，それぞれ次式に示す。
すなわち

$$\hat{Q}(t)=\frac{1}{T}\int_0^T e^{-j2\pi ft}Q(t)\,dt \qquad (E\,2.\ 2)$$

$$\hat{V}(t)=\frac{1}{T}\int_0^T e^{-j2\pi ft}V(t)\,dt \qquad (E\,2.\ 3)$$

また，電気回路の基礎式から

$$R\frac{dQ}{dt}=-\frac{Q}{C}+V(t) \qquad (E\,2.\ 4)$$

フーリエ変換によって

$$j2\pi fR\hat{Q}(f)=-\frac{\hat{Q}(f)}{C}+\hat{V}(f),\quad j=\sqrt{-1} \qquad (E\,2.\ 5)$$

すなわち

$$|\hat{Q}(f)|^2=\left|\frac{C}{j2\pi fCR+1}\right|^2|\hat{V}(f)|^2 \qquad (\mathrm{E}\,2.\ 6)$$

したがって，式（E 2．1）が得られる。

R. Aris, N. R. Amundson (1958) は，連続攪拌槽反応器（CSTR）における相関関数とパワースペクトルについて，定常状態の近傍で，Taylor 展開してフーリエ変換して求めている。入口濃度，温度，流量のパワースペクトルが，白色雑音である場合について，変動時間について求めている。流量の変動が，出口濃度，温度に最大の変動を起こすことなどを示している。

2．2　信号のサンプリング定理

信号 x を，時間間隔 Δt でサンプリング（標本化）して，信号は離散化され，時系列データ $\cdots x(-2\Delta t), x(-\Delta t), x(0), x(\Delta t), \cdots, x(k\Delta t)$ $(k=-\infty, \cdots 0, \cdots, +\infty)$ が得られる。このとき，信号に含まれる周波数成分との関係で，B. A. Ogunnaike, W. H. Ray (1994) の指摘するように，Δt を適正に選ぶことである。**図 2．1** に，離散信号とサンプリング時間の間隔を示した。

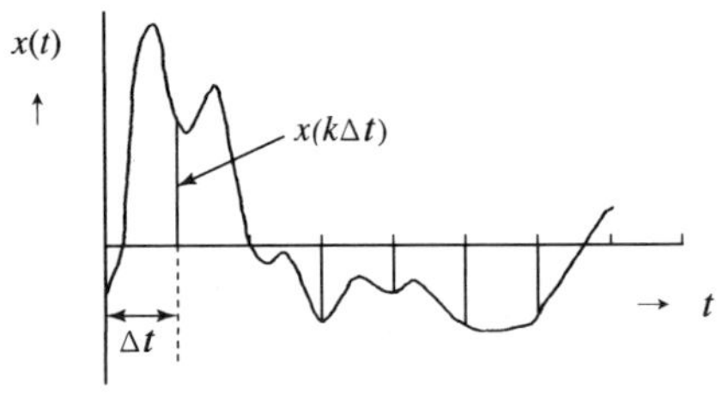

図 2．1　離散信号とサンプリング間隔

時間間隔 Δt は，得られた離散信号 $x(k\Delta t)$ が連続信号 $x_a(t)$ と一致するように選定することが要求される。サンプリング定理はこれを述べたものである。いま，連続信号が周波数 f_m 以上の成文を含まないものとする。このとき，サンプリング間隔 Δt が，$f_s=1/\Delta t>2fm$ を満たすように選ばれていることが必要である。臼井支朗，伊藤宏司，三田勝巳 (1985) に従えば，連続信号 $x_a(t)$ とインパルス列の積として，ディジタル信号が表現でき，低域通過フィルタをかけてフーリエ逆変換すると，これらの数学処理によって次式を得る。

$$x_a(t)=\sum_{k=-\infty}^{\infty}x(k\Delta t)\cdot\Delta t\cdot g_2(t-k\Delta t) \qquad (2.21)$$

ここに，g_2 は低域通過フィルタによる信号処理効果であり，

$$g_2(t)=\frac{\sin 2\pi f_b t}{\pi t} \qquad (2.22)$$

いま，$f_b=f_s/2=1/(2\Delta t)$ とおくと

$$x_a(t)=\sum_{k=-\infty}^{\infty}x(k\Delta t)\cdot\frac{\sin\left[\frac{\pi}{\Delta t}(t-k\Delta t)\right]}{\frac{\pi}{\Delta t}(t-k\Delta t)} \qquad (2.23)$$

$\Delta t\leq 1/(2f_m)$ となるサンプリング間隔を選べば，ディジタル信号をフーリエ変換して得られるスペクトルは，$|f|\leq f_m$ の範囲では，連続信号 $x_a(t)$ のスペクトル $X_a(f)$ と一致する。

実際に観測できるのは，有限の大きさのデータである。データの個数をNとし，周波数サンプリングを考えると，次の関係が成立する。

$$X(n)=\sum_{k=0}^{N-1}x(k)\,e^{-j2\pi nk/N} \qquad (n=0,1,\cdots,N-1) \qquad (2.24)$$

いま，次の関係；

$$\frac{1}{N}\sum_{n=0}^{N-1}e^{j2\pi mn/N}=\begin{cases}1 & : m=0\\ 0 & : m\neq 0\end{cases} \qquad (2.25)$$

から

$$x(k)=\frac{1}{N}\sum_{n=0}^{N-1}X(n)\,e^{j2\pi kn/N} \qquad (k=0,1,\cdots,N-1) \qquad (2.26\,\mathrm{a})$$

$$X(n)=\sum_{k=0}^{N-1}x(k)\,e^{-j2\pi nk/N} \qquad (n=0,1,\cdots,N-1) \qquad (2.26\,\mathrm{b})$$

このように，離散フーリエ変換（または逆変換）(discrete Fourier transform, DFT)が表示される。計算量として，Nの増加とともに急激に増加する。N^2 の演算を，$N\ln N$ まで減らせる**高速フーリエ変換（Fast Fourier transform, FFT）**が実用化されている（J. W. Cooley, J. W. Turkey (1965)；臼井支朗，伊藤宏司，三田勝巳 (1985)；小畑秀文，幹　康 (1998)）。

離散信号，またはサンプリング周期$\Delta t[s]$として，**Z変換（Z-transform）**を適用すると，$k<0, x(k)=0$となる系列を考えれば，次式を得る。

$$X(s)\underline{\underline{\Delta}}\sum_{k=-\infty}^{\infty}x(k)Z^{-k} \tag{2. 27}$$

また，逆Z変換は

$$x(k)=\frac{1}{2\pi j}\oint X(Z)Z^{k-1}dZ \tag{2. 28}$$

［例題 2．2］　Z変換において，サンプル個数をNとすれば

$$X(Z)=\sum_{k=0}^{N-1}x(k)Z^{-k} \tag{E 2. 7}$$

このとき，$X(n)$はいくらになるか示せ。

［解］　Z平面の単位円上をN等分し，各サンプル点を，

$$Z_n=e^{j\frac{2\pi}{N}n} \tag{E 2. 8}$$

とする。このとき，

$$X(n)=X(Z_n)=\sum_{k=0}^{N-1}x(k)e^{-j2\pi nk/N} \tag{E 2. 9}$$

Z変換における漸化式を書く。すなわち，前進差分因子Δ（forward difference operator）とすると

$$\Delta f(k)=f(k)-f(k-1),\quad Z\{\Delta f(k)\}=(z-1)\hat{f}(Z)-Zf(0) \tag{2. 29}$$

また，後進差分因子∇（backward difference operator）として，

$$\nabla f(k)=f(k)-f(k-1),\quad Z\{\nabla f(k)\}=(1-Z^{-1})\hat{f}(Z) \tag{2. 30}$$

また，次の関係が得られる。

$$Z\{\Delta^m f(k)\}=(Z-1)^m f(Z)-Z\sum_{i=0}^{m-1}(Z-1)^{m-i-1}\cdot\Delta^i f(0) \tag{2. 31}$$

ここに，$\hat{f}(Z)$：$f(Z)$のZ変換したもの.

［例題2．3］ 次の線形定数系差分方程式を用いて，$x(k)$ を求めよ。

$$x(k+2)+\frac{5}{6}x(k+1)+\frac{1}{6}x(k)=F(k),\quad F(k)=1 \qquad \text{(E 2. 10)}$$

［解］ シフトについての関係から，$\hat{x}(Z)=Z[x(k)]$, $f(Z)=Z\{F(k)\}$ として

$$Z^2\hat{x}(Z)-[Z^2x(0)+Z\cdot x(1)]+\frac{5}{6}Z\cdot\hat{x}(Z)-\frac{5}{6}Z\cdot x(0)+\frac{1}{6}\hat{x}(Z)-f(Z)$$
$$=f(z) \qquad \text{(E 2. 11)}$$

このとき，$Z\{\nabla^m f(k)\}=(1-Z^{-1})^m f(Z)$ とすると

$$\hat{x}(Z)=[(Z^2+\frac{5}{6}Z)+Z+f(Z)]/\left(Z+\frac{1}{2}\right)\left(Z+\frac{1}{3}\right) \qquad \text{(E 2. 12)}$$

$F(k)=1$ とすると

$$x(k)=8\cdot\left[\left(-\frac{1}{2}\right)^{k+1}-9\left(-\frac{1}{3}\right)^k+1\right] \qquad \text{(E 2. 13)}$$

2．3　フーリエ解析と周波数

時系列データを，これに含まれるいろいろな周期的波形の合成とみなすと，時間の推移とともに不規則変動する現象の統計的解析する手法として，**フーリエ解析**があげられる。状態変数 $x(t)$ を，周期 T をもつ周期関数とし，区間（$-T/2, T/2$）を周期とする周期関数が，正弦関数（$=\sin(2n\pi t/T)$），余弦関数（$=\cos(2n\pi t/t)$）の和として表し，次式で定義する。

$$x(t)=\frac{A_0}{2}+\sum_{n=1}^{\infty}[A_n\cos(2n\pi t/T)+B_n\sin(2n\pi t/T)] \qquad \text{(2. 32)}$$

上式の各項を，フーリエ級数と呼ぶ。係数 A_n，B_n は，フーリエ係数と呼ばれ，次のように表示される。

$$A_0=\frac{2}{T}\int_{-T/2}^{T/2}x(t)\,dt \qquad \text{(2. 33 a)}$$

$$A_n=\frac{2}{T}\int_{-T/2}^{T/2}x(t)\cos(2n\pi t/T)\,dt \qquad \text{(2. 33 b)}$$

$$B_n = \frac{2}{T}\int_{-T/2}^{T/2} x(t)\sin(2n\pi t/T)\,dt \qquad (2.\ 33\,\mathrm{c})$$

項数 n，または時系列の長さが増すにつれて，関数の近似精度（見かけの分解能）は良くなる。しかし，不連続点の前後で局所的な振動を生じ，項数 n を増しても，元の信号には含まれない高周波成分が現れ，振動は小さくならない。これは，**Gibbs 現象効果**といわれ，その例を図２．２に示す。

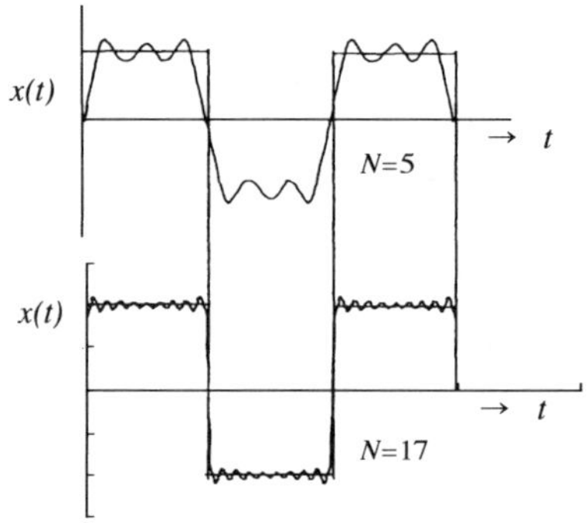

図２．２　Gibbs 現象
（矩形波を有限項のフーリエ級数で近似）

このとき，Gibbs 現象を抑制するために，一般化ハミング（Hamming）窓が用いられる。

フーリエ級数展開を，各周波数成分 f について展開するとき，信号 $x(t)$ の複素フーリエ級数展開という。オイラー（Ouler）の公式：

$$\cos(2n\pi t/T) = \frac{1}{2}(e^{j2\pi nt/T} + e^{-j2\pi nt/T}),\quad j=\sqrt{-1} \qquad (2.\ 34\,\mathrm{a})$$

$$\sin(2n\pi t/T) = \frac{1}{2j}(e^{j2\pi nt/T} - e^{-j2\pi nt/T}),\quad j=\sqrt{-1} \qquad (2.\ 34\,\mathrm{b})$$

として

$$\frac{1}{2}(A_n - jB_n) = C_n,\quad \frac{1}{2}(A_n + jB_n) = C_{-n},\quad \frac{A_0}{2} = C_0 \qquad (2.\ 35)$$

とすると，式（２．32）は次のように書ける。

$$x(t)=C_o+\sum_{n=1}^{\infty}C_n e^{j2\pi nt/T}+\sum_{n=1}^{\infty}C_{-n}e^{-j2\pi nt/T}=\sum_{n=-\infty}^{\infty}C_n e^{j2\pi nt/T} \tag{2.36}$$

ここで，

$$C_n=\frac{1}{T}\int_{-T/2}^{T/2}x(t)\,e^{-j2\pi nt/T}dt \tag{2.37}$$

また，次の関係が導ける。

$$C_k=\frac{X(k\Delta f)}{T} \tag{2.38}$$

この関係は，フーリエ変換とフーリエ級数展開を結びつける。また，周期信号のフーリエ級数展開の係数 C_k の T 倍は，信号 $x(t)$ のフーリエ変換 $X(f)$ と次の関係が成立し，すなわち，

$$f=k\Delta f,\quad (k=0,\pm1,\pm2,\cdots) \tag{2.39}$$

のとき，両者は一致する。

フーリエ変換可能な条件は，絶対可積分であること，すなわち

$$\int_{-\infty}^{\infty}|x(t)|dt<\infty \tag{2.40}$$

で与えられる。

フーリエ変換の性質のうち，時間推移 (time shift) は次のように導ける。いま，サンプリング時間の遅れとして

$$\begin{aligned}F_r[x(t-\tau)]&=\int_{-\infty}^{\infty}x(t-\tau)\,e^{-j2\pi f\tau}dt\\&=e^{-j2\pi f\tau}\int_{-\infty}^{\infty}x(t-\tau)\,e^{-j2\pi f(t-\tau)}dt\\&=e^{-j2\pi f\tau}\int_{-\infty}^{\infty}x(\sigma)\,e^{-j2\pi f\sigma}d\sigma=e^{-j2\pi f\tau}\cdot X(f)\end{aligned} \tag{2.41}$$

このことは関数 $x(t-\tau)$ のフーリエ変換 F_r は，$x(t)$ のフーリエ変換 $X(f)$ に $e^{-j2\pi f\tau}$ をかけたものとして取り扱える（J. H. Seinfeld, L. Lapidus (1974)）。

[例題２．４] 式（E２．14）で定義されるフィルターを考えよう。ここに，$L(f)$ は伝達関数であり，次のように入力信号のうち，f_m 以上の周波数成分のものはすべて遮断し，f_m 以下の周波数成分を通すフィルターとする。

$$L(f)=\begin{cases}1, & |f|\leq f_m \\ 0, & |f|>f_m\end{cases} \tag{E２．14}$$

このとき，インパルス応答関数 $h(t)$ を求めよ。

[解] フィルターは理想低域通過型として，逆変換して，インパルス応答関数 $h(t)$ を求めると

$$h(t)=\int_{-f_m}^{f_m} e^{2\pi jft}df=\frac{\sin(2\pi f_m t)}{\pi t}=2f_m\cdot\mathrm{sinc}(2\pi f_m t) \tag{E２．15}$$

となる。ここに，$\mathrm{sinc}(x)=\sin x/x$.

いま，２つの信号 $x(t)$, $g(t)$ の合成積分（または，たたき込み積分）(convolution integral) $y(t)$ は，次式で表される。

$$y(t)=\int_{-\infty}^{\infty}x(\tau)g(t-\tau)d\tau \tag{２．41}$$

これをフーリエ変換する $Y(f)=F_r[y(t)]$ として

$$Y(f)=\int_{-\infty}^{\infty}\left[\int_{-\infty}^{\infty}x(\tau)g(t-\tau)d\tau\right]e^{-j2\pi ft}dt$$

$$=\int_{-\infty}^{\infty}x(\tau)\left[\int_{-\infty}^{\infty}g(t-\tau)e^{-j2\pi ft}dt\right]d\tau \tag{２．42}$$

したがって

$$Y(f)=\int_{-\infty}^{\infty}x(\tau)e^{-2\pi f t}G(f)d\tau=G(f)\cdot X(f) \tag{２．43}$$

フーリエ変換により，積号の積に変換される。

２．４　ウエーヴレット変換と信号解析

振動的で波（wave）として，局在化して小さい（let）から，ウエーヴレット

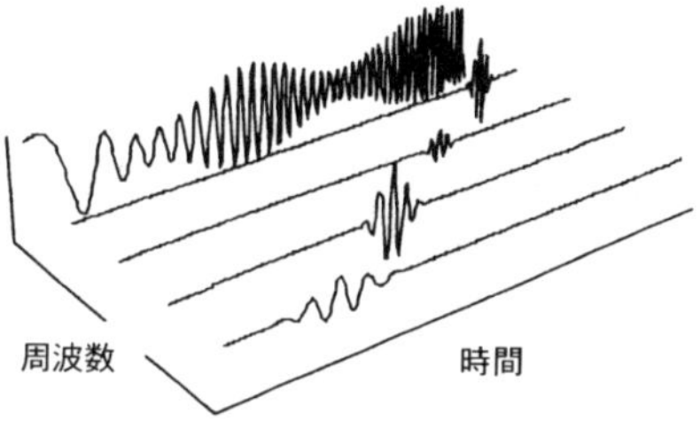

図2．3　信号平面上にウエーヴレットを並べて表現した信号
（榊原　進（1995））

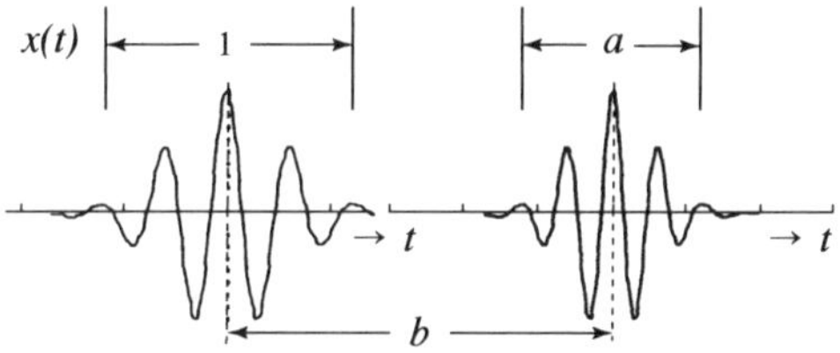

図2．4　マザーウェーヴレットの平行移動とスケール

(Wavelet)といわれる。ウエーヴレットで切り出した信号の部分を，時間軸と周波数軸が張る2次元面で示すと，信号の時間周波数平面が**図2．3**に示される。ウエーヴレット$\psi((x-b)/a)$（a：スケーリング因子，b：移動因子）は，**図2．4**に示すマザーウエーヴレット$\psi(x)$をbだけ平行移動し，aだけスケールしたものであり，$1/a$が周波数に対応している。また，積分$\int_{-\infty}^{\infty}\psi((x-b)/a)f(x)\,dx$（$f(x)$：信号）の値の例を示したのが，**図2．5**である。

関数$f(x)$のマザーウエーヴレット$\psi(x)$によるウエーヴレット変換は，次に定義される。

$$\hat{f}(\omega,a,b)=\int_{-\infty}^{\infty}\frac{1}{\sqrt{|a|}}\psi\left(\frac{x-b}{a}\right)f(x)\,dx \qquad (2.44)$$

ただし，ψが実関数であり，複素共役$\overline{\psi(x)}$と$\psi(x)$は区別できない。

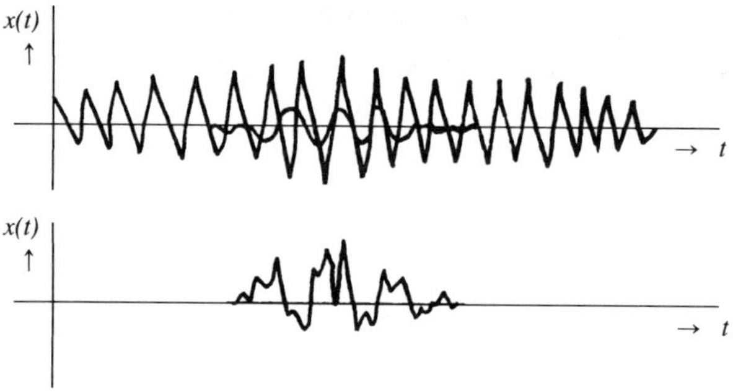

図2．5　信号とウエーヴレット(上)とこれらの積(下)(榊原　進 (1995))

逆ウエーヴレット変換は，次式で定義される。

$$f(x)=\frac{1}{C_\psi}\int\int_{R^2}\hat{f}(\omega,a,b)\frac{1}{\sqrt{|a|}}\psi\left(\frac{x-b}{a}\right)\frac{dadb}{a^2} \qquad (2.45)$$

次の条件が必要である。

$$C_\psi=\int_{-\infty}^{\infty}\frac{|\hat{\psi}(w)|^2}{|\omega|}dw<\infty, \quad \omega=2\pi f \qquad (2.46)$$

また，$\psi(x)$ が振動的であるから

$$\int_{-\infty}^{\infty}\psi(x)\,dx=0 \qquad (2.47)$$

Gabor（ゲーバー）ウエーヴレットと Daubechies（ドベチ）ウエーヴレットについて説明する。フーリエ変換の基底に使われる指数関数 $e^{-j\omega x}$ $(j=\sqrt{-1})$ は，時間領域で無限の広がりをもち，このためフーリエ変換では，信号の時間的情報が失われる。Gabor は，この欠点を補うため，窓関数としてガウス関数を使い，マザーウエーヴレットとして

$$\psi(x)=\frac{1}{2\sqrt{\pi\sigma}}e^{-\frac{x^2}{\sigma^2}}e^{-jx} \quad , \quad j=\sqrt{-1} \qquad (2.48)$$

を用いた。また，フーリエ変換に窓関数を組み合わせることによって，信号の時間周波数解析ができる。また，窓関数を用いて信号 $f(x)$ の変換を，短時間フーリエ変換（Short time Fourier transform）という。なお，窓の幅は，周波数によらない。

$$\hat{f}(b,\omega)=\int_{-\infty}^{\infty}\omega(x-b)\,e^{-j\omega x}f(x)\,dx \quad , \quad j=\sqrt{-1} \tag{2.49}$$

Gabor によると，次の実数 σ は固定し，次式で示される。

$$\omega(x-b)=\frac{1}{2\sqrt{\pi\sigma}}\exp\left(-\frac{(x-b)^2}{\sigma^2}\right) \tag{2.50}$$

Daubechies は，正整数Nによって番号が付けられる一連のスケーリング関数 ${}_N\phi$ とマザー・ウエーヴレット ${}_N\psi$ からなる直立ウエーヴレットを提出した。このとき，N の増大とともに滑らかさが増大する。$N-1$ 次までのモーメントが 0 になることが，${}_N\phi$ の定義である。

$$\int_{-\infty}^{\infty}x^{\ell}\psi(x)\,dx=0, \quad \ell=0,1,\cdots,N-1 \tag{2.51}$$

スケーリング関数 ϕ とマザー・ウエーヴレットは，次のトウースケール(Two scale）関係を満たす。

$$\varphi(x)=\sum_{k=0}^{2N-1}p_k\phi(2x-k) \tag{2.52 a}$$

$$\psi(x)=\sum_{k=-2N}^{1}q_k\phi(2x-k), \quad q_k=(-1)^k p_{1-k} \tag{2.52 b}$$

トウー・スケール行列 $\{p_k\}$ の 0 でない要素は，$k=0,\ 1,\cdots,\ 2N-1$ の $2N$ 個となり，次式を解いて得られる。

$$\sum_{k=0}^{2N-1}p_k=2 \tag{2.53 a}$$

$$\sum_{k=0}^{2N-1-2m}p_k p_{k-2m}=0\ , \qquad m=1,2,\cdots,N-1 \tag{2.53 b}$$

$$\sum_{k=0}^{2N-1}(-1)^k k^{\ell} p_k=0\ , \qquad t=1,2,\cdots,N-1 \tag{2.53 c}$$

図２．６に，$N=3$ と $N=8$ の Daubechies のウエーヴレットを示した。

信号の多重解像度解析について，一定の区間を 2 のべき乗個の小区間に分割し，分割数が大きいほど関数の階段関数による近似は良くなることを利用する。関数 $f_j(x)$ の解像力は 2^j である。すなわち，関数 $f(x)$ を区分的に定数である階

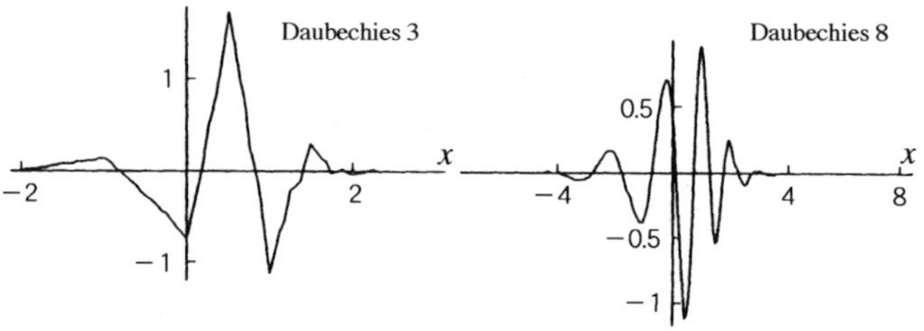

図2．6　Daubechies　$N=3$ と $N=8$ のウエーヴレット
（榊原　進（1995））

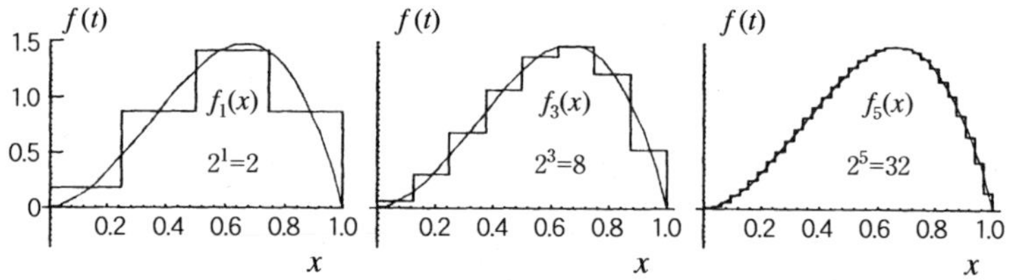

図2．7　関数 $f(x)$ とレベル j の近似関数 $f_j(x)$，［$f(x)=10x^2(1-x)$］
（榊原　進（1995））

段関数 $f_j(x)$ で近似する。

これについて，図2．7に示した。同図には，$j=1, 3, 5$ のときの曲線 $f(x)$ との近似度合いを示した。いま

$$f_j(x)=\sum_{k\in z} C_k{}^{(j)}\phi_H(2^j x-k) \tag{2．54}$$

と書けるレベル $j\in z$ の関数がある。この数列からレベル $j-1$ の数列を

$$C_j{}^{(j-1)}=\frac{1}{2}(C_{2k}^{(j)}+C_{2k+1}^{(j)}) \tag{2．55 a}$$

$$d_k{}^{(j-1)}=\frac{1}{2}(C_{2k}^{(j)}-C_{2k+1}^{(j)}),\ k\in z \tag{2．55 b}$$

のように求めれば，関数 $f_j(x)$ は

$$f_j(x)=f_{j-1}(x)+g_{j-1}(x) \tag{2．56}$$

に分解でき，$g_j(x)$ は，次式に与えられる。

$$g_j(x) = \sum_{k \in Z} d_k^{(j)} \psi_H(2^j x - k) \tag{2.57}$$

逆に f_{j-1} と g_{j-1} が与えられれば，係数を，式（2．55）を逆に解いて求めて，次式の関係を用いる。

$$C_{2k}^{(j)} = C_k^{(j-1)} + d_k^{(j-1)} \tag{2.58 a}$$

$$C_{2k+1}^{(j)} = C_k^{(j-1)} - d_k^{(j-1)} \tag{2.58 b}$$

式（2．55），式（2．58）は，それぞれ分解アルゴリズム，再構成アルゴリズムと呼ばれる。

レベル j の関数 f_j の解像度は 2^j であるので，式（2．56）によって f_j のレベルを下げると，解像度は半分になる。これを繰り返すことによって f_j のレベルは１つずつ下がり，解像度はそのたびに半分になる。これを多重解像度解析と

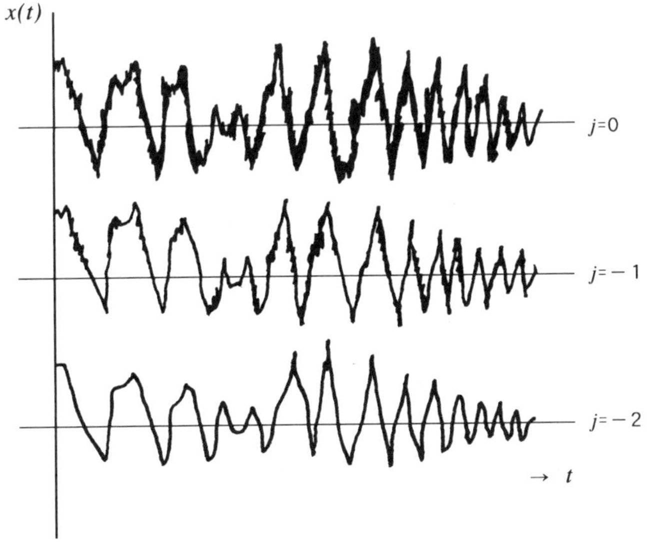

図2．8　レベル $f_j(x)$ が上がるとともにノイズが除去され滑らかになる信号

いう。いま，信号 $f(x)$ と x の関係（$j=-0$）よりノイズ g_{-1} を取り除いた $f_{-1}(x)$，さらに次のレベルの $g_{-2}(x)$ を取り除いた $f_{-2}(x)$ を，**図2．8**に示す。レベルが上がると，元の信号より滑らかである。また，フーリエ解析による結果より，ウエーヴレット変換による結果の方がやや良好である。ウエーヴレットは，低周波の数では，白い細長い線で示されるが，時間の経過とともに，高周波の数では，白い線幅が狭くなり，振動の周波数の同定能力が良くなる。これはウエーヴレット変換の特徴であり，短時間フーリエ変換と異なる機能である。時間とともにその状態が変化する孤立波らの検出には，ウエーヴレット変換が有効である。ノイズの雑音には，高周波が入ると考えられるが，この検出に，ウエーヴレット信号を用いて行える。

この方法は，異常信号の検出に有効である。佐々木隆志ら（1994）は，ウエーヴレットと適応ディジタルフィルタを組み合わせて，オンライン処理が容易な Gabor 関数を，ウエーヴレット関数に用いた。これを，直鎖状低密度ポリエチレン製造装置における触媒流量の異常早期検出に用いている。

2．5　パワースペクトル

ラグ k が大きくなると，自己共分散関数 C_k が減少し，周波数 $-1/2 \leq f \leq 1/2$ において，次の関係が成立する。

$$S(f)=\sum_{k=-\infty}^{\infty} C_k e^{-2\pi jkf}, \qquad j=\sqrt{-1} \tag{2．59}$$

$S(f)$ をパワースペクトル密度関数（Power spectral density function），あるいは**パワースペクトル**という。また，フーリエ逆変換によって

$$C_k=\int_{-1/2}^{1/2} S(f)\, e^{2\pi jkf} df \tag{2．60}$$

現実の信号には，いろいろな周波数の波が混ざっており，個々の成分としての強度をフーリエ解析し，その寄与を，パワースペクトルと周波数 f のプロットとして示す。**図2．9**に，対流実験の時系列とパワースペクトルと周波数 f の関係を示す。初期には周期的であったが，温度差が大きくなると，カオス状

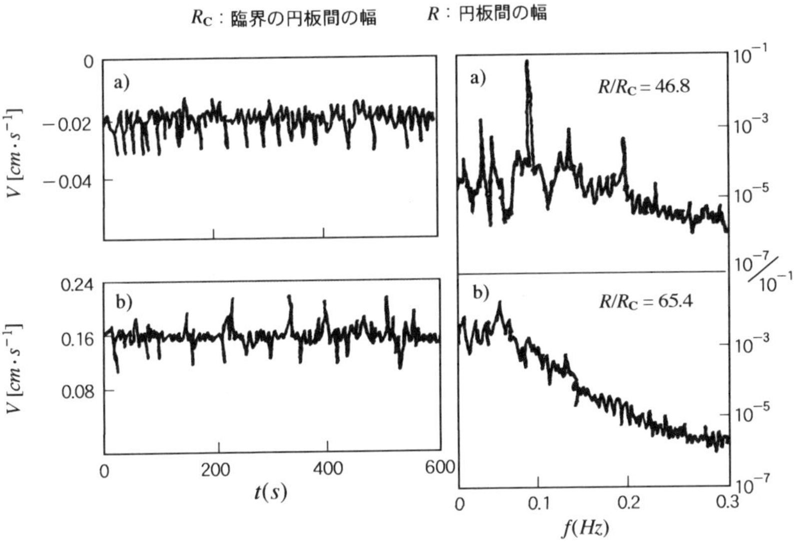

図 2．9　対流実験の時系列観察［a）準周期性，b）カオス振動］(I. Steward (1989))

の振動へ変化している。周波数の変化によって速度変化を測定する方法に，レーザー・ドップラー（Laser Doppler）流量測定計があるが，この一部を利用している。

線形モデルのパワースペクトラムと自己共分散関数は数学的には同一とみなせ，パワースペクトラムは時系列の周期成分が判断しやすい特徴をもつ。次に，線形モデルと次の 4 種類についてパワースペクトルを求める。

2．5．1　自己回帰（Autoregressive, AR）過程

通常の回帰モデルと同様の形式となり，解釈しやすく，実用上モデルによる推定と予測が容易である。ノイズは，線形として入るが，これは別称イノベーション（Innovation）と呼ばれる。ノイズ成分を $u(t)$，状態変数を $x(t)$ とすると

$$x(t)=\sum_{m=1}^{p} a_m x(t-m)+u(t) \tag{2. 61}$$

いま

$$u(t)=e^{j2\pi ft},\quad x(t)=A(f)\,e^{j2\pi ft} \tag{2.62}$$

とおくと

$$A(f)\,e^{j2\pi ft}\left\{1-\sum_{m=1}^{p}a_m e^{-j2\pi fm}\right\}=e^{j2\pi ft} \tag{2.63}$$

から，次式を得る。

$$A(F)=\frac{1}{1\sum_{m=1}^{p}a_m e^{-j2\pi fm}} \tag{2.64}$$

白色雑音のパワースペクトルが，σ^2 となるから，次式となる。

$$S_{xx}(f)=\frac{\sigma^2}{\left|1-\sum_{m=1}^{p}a_m e^{-j2\pi fm}\right|^2} \tag{2.65}$$

2．5．2　移動平均（Moving average, MA）過程

次数 q が，必ずしも有限であることは要求されない。移動平均は，単に移動加重和という意味に用いられる。定常な周期性をもたない確率過程の時系列データは，このモデルで記述できる。q 次の移動平均(MA)に従う時系列は，次の関係

$$x(t)=u(t)-\sum_{k=1}^{q}b_k u(t-k) \tag{2.66}$$

によって記述される。これより，周波数応答関数が得られ，パワースペクトルは次式で表示される。

$$S_{xx}(f)=\sigma^2\left|1-\sum_{k=1}^{q}b_k e^{-j2\pi fk}\right|^2 \tag{2.67}$$

2．5．3　自己回帰移動平均(Autoregressive Moving-average, ARMA)過程

定常性の条件を満たし，比較的低い次元の p,q によって，複雑な確率過程を説明しうるモデルである。前のモデルの AR 部分，MA 部分を含むので，より一般的である。時系列データが，次式の ARMA モデル：

$$x(t)-\sum_{m=1}^{p}a_m x(t-m)=u(t)-\sum_{k=1}{}^{q}bu(t-k) \tag{2.68}$$

で，予測されるとする。このとき，上記の2つの過程と同様，システムの入力に白色雑音を加えたときの出力とみなせる。パワースペクトルは，次式で示される。

$$S_{xx}(f)=\frac{\left|1-\sum_{k=1}^{q}b_k e^{-j2\pi fk}\right|^2}{\left|1-\sum_{m=1}^{p}a_m e^{-j2\pi fm}\right|^2}\sigma^2 \tag{2.69}$$

時系列 $\{x_1,x_2,\cdots,x_n\}$ が与えられるときには，白色雑音のように，真のスペクトルが連続過程となるとき，その推定は容易でない。スペクトルを離散過程として扱うとき，標本自己共分散関数 $\hat{C}$ の離散フーリエ変換ができる。このとき，スペクトルを推定するのに，次のピリオドグラム p_i (Periodogram p_i) が用いられる。

$$p_i=\sum_{n=-N+1}^{N-1}\hat{C}_n e^{-2\pi jnf_i}=\hat{C}_0+2\sum_{n=1}^{N-1}\hat{C}_n\cdot\cos 2\pi nf_i \tag{2.70}$$

ここで，周波数 $f_i=i/N\,(i=0,\cdots,N/2)$ および

$$\hat{C}_n=\frac{1}{N}\sum_{i=n+1}^{N}(y_i-\hat{\mu})(y_{i-n}-\hat{\mu}) \tag{2.71}$$

ピリオドグラムは，データ数を増加しても真のスペクトルに収束しないが，ラグ $L-1$ を用いるとか，フーリエ変換の計算に用いる自己共分散の数を一定にするとか，その平均と平滑化を行い，推定値を求めることが必要である(北川源四郎 (1993))。

2．5．4　Walsh パワースペクトル解析

信号は，本来2進法によりディジタル信号が主力である。時系列データ $\{x_0,x_1,\cdots,x_N\}$ に対して，Walsh-Fourier 変換がなされる(遠藤　靖(1993))。すなわち

$$\hat{x}_k=\frac{1}{N}\sum_{j=0}^{N-1}x_j\varphi_k\left(\frac{j}{N}\right) \tag{2.72}$$

Walsh 逆変換は

$$x_j=\sum_{k=0}^{N-1}\hat{x}_k\varphi_j\left(\frac{k}{N}\right),\ \varphi_k(x)=(-1)^{\lambda},\quad ここで，\lambda=\sum_{j=1}^{\infty}x_jk_{1-j} \tag{2.73}$$

ここに，k は 2 進法で展開され，$x(0)$ となる。$\varphi_k(x)$ は Walsh 関数である。すなわち

$$k=\sum_{i=1}^{\infty}k_i\cdot 2^{i-1} \tag{2.74}$$

パワースペクトルは，次に示される。

$$P_x(0)=\hat{x}^2(0),\ P_x(k)=\hat{x}^2(2k-1)+\hat{x}^2(2k)\ (1\leq k\leq N/2-1)$$

$$P_x\left(\frac{N}{2}\right)=\hat{x}^2(n-1) \tag{2.75}$$

有限の長さのデータを扱うとき，有効である。その繰り返し数帯域が有界である可能性がある。波の形によって Walsh パワースペクトルは，Fourier パワースペクトルに比較して，単純となる。対流，地震波や診断のような現象や脳波の解析にも適用されている。また，ウエーブレット関数のような性質に似て，多像解像度解析や関数形を利用するスペクトル解析として利用される。

2．6　ノイズ寄与率とコーヒレンシー

システムの i 番目の出力に固有の変動と他の変数に起因する割合を，周期成分ごとに示したとき，周期成分ごとに原因，結果の関係を調べるとする。各変量 $x_i(t)$ が，他の変量 $x_j(t)\ (i\neq j)$ からの影響と，その変数に固有のノイズ $u_i(t)$ の総和として示される。

これは，入力にあたるノイズが系の変動の寄与と見られ，**ノイズ寄与率**（または，相対パワー寄与率ともいう）と呼ぶ。

赤池引次，北川源四郎(1994)によると，$x_i(t)$ のパワースペクトル $S_i(f)$ が，それぞれの変量に加わった独立の外乱の影響の総和として書くことができ，$S_i(f)=\sum_{j=1}^{k}q_{ij}(f)$ と表されるとき

$$r_{ij}(f)=\frac{q_{ij}(f)}{S_i(f)},\quad (f：周波数) \tag{2.76}$$

を，変数 j から変数 i へのノイズ寄与率という。

ノイズ寄与率は，多変量 AR モデルを用いて計算されるが，推定されたモデルの分散共分散行列が，対角形とみなせることが条件となる。例えば，相互共分散関数 $C_{yx}(m)$ は，次に示される。

$$C_{yx}(m)=E[(y(t+m)-m_y)(x(t)-m_x)] \qquad (2.77)$$

山川新二（1994）による自動車振動データの解析において，**パワー寄与率**（またはノイズ寄与率）による多入力関連成分の分離について**図 2．10**に示している。これによって左右振動の優位性が明白となり，排気管のブラケット部の特性変更などにより耐久性が向上しうるとしている。

コーヒレンシー(Coherency) $\gamma^2(f)$ には，2つの時系列 x_n と y_n があり，それぞれのパワースペクトルをそれぞれ $S_x(f)$,$S_y(f)$，クロススペクトルを $S_{yx}(f)$ とすると，次式で与えられる。

$$\gamma^2(f)=\frac{|S_{yx}(f)|^2}{S_y(f)S_x(f)}\leq 1, \quad (f：周波数) \qquad (2.78)$$

を，y と x のコーヒレンシー（または結合性）という。

福西宏有（1994）は，神経活動の周波数の周波数ごとの相関の強さを得るために，各周波数帯における成分間の相関関数の2乗に相当するコーヒレンシーを求め，**図 2．11**に示している。いずれのコーヒレンシーも，低周波側ではほぼ1に近い値を示しており，細胞群間の結合が強いように見える。一方，神経活動のノイズ寄与率から，必ずしも領域間の直接な結合と推定できないことが分かった。このことから，脳による高次情報処理には，さらに深い考察が必要となる。

雑音成分がないと，コーヒレンシー $\gamma^2(f)$ は1となる。$0<\gamma^2<1$ のときには，① 雑音が存在する，② ノイズ $u(t)$ と $y(t)$ ($x(t)$：状態変数，$y(t)$：観測信号)の間が線形でない，③ $y(t)$ が $u(t)$ 以外の成分に関係している，ことを意味している。また，コーヒレンシーは，線形モデルの適合度を評価する尺度として用いられる。

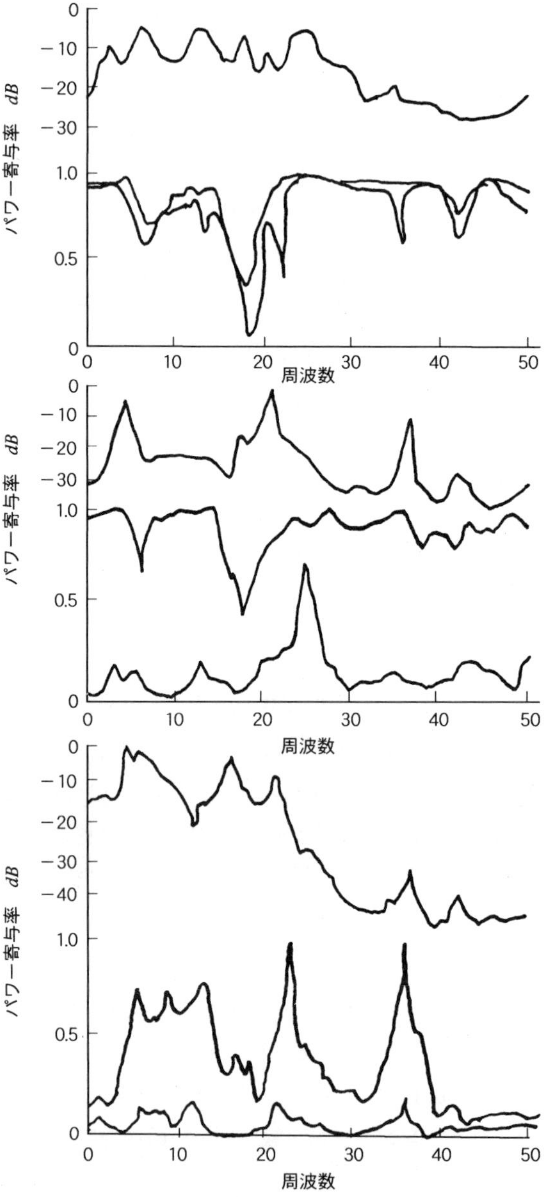

図 2．10　ノイズ寄与率（山川新二（1994））

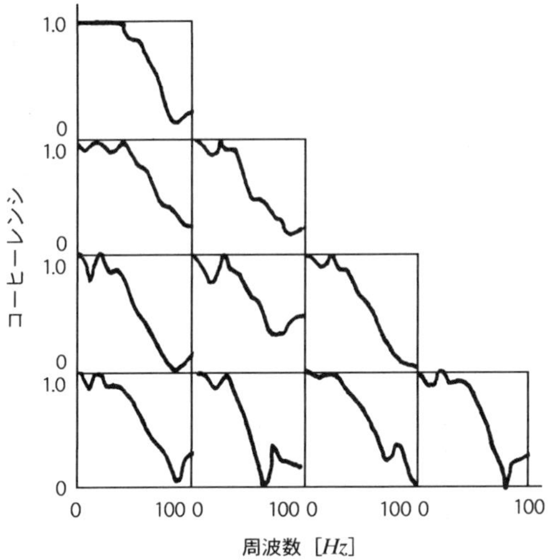

図2．11　4kHz バースト誘発応答のモルモット皮質領野間のコーヒレンシー（福西宏有（1994））

2．7　情報量基準

エントロピー（S）の統計学的意味は，ボルツマン（Boltzmann）の原理によって，巨視的条件の下で，可能な微視的状態の割合Wをとすると，ボルツマン定数 k_B として，次式で定義される。

$$S = k_B \log_2 W,\quad k_B = 1.38056 \times 10^{-23} J/K \qquad (2.79)$$

情報理論（佐藤　洋（1988））では，生起可能な状態に番号 i を付け，i 番目の状態が現れる確率を p_i とすると，事象が確率をもつM種の要素からなるとき，シャノン（Shannon）の定義によって，情報量 H[ビット（bit）] はエントロピーに準拠して，次のように表示できる。

$$H = \sum_{i=1}^{M} p_i \log_2 \frac{1}{p_i} \qquad (2.80)$$

ここで，ビットは，2進記号（0，1）の情報1組の単位である。8ビット＝1バイト (byte)，$H \geq 0$ であり，また，Hは，どの状態が生起するかの不確定性の度合いであり，これは，2進信号で表す有限の長さの情報が必要であり，$H=0$ のときには，完全に情報を得ていることを意味する。

［例題2．5］ いまコインを投げ，その表と裏となる情報量Hは1となることを示せ。

［解］ $p_1=p_2=0.5$ であり，式（2．76）に従って

$$H=p_1\log_2\frac{1}{p_1}+p_2\log_2\frac{1}{p_2}=0.5\log_2 2+0.5\log_2 2=1 \tag{E 2．16}$$

離散過程では，定義される情報量 $I_0[p;q]$ は，次に示される。

$$I_0[p;q]=\sum_i^m p_1\log_2\frac{p_1}{q_1} \tag{2．81}$$

ここに，.$p_i>0, q_i>0$ で，p_i は真の事象確率であり，q_i は近似の事象確率である。また

$$\sum_i^m p_i=\sum_i^m q_i=1 \tag{2．82}$$

また，連続過程では，入力信号 x と出力信号 y との間で定義される量 $I[x,y]$ は，次のように定義される。

$$I[x;y]=\int_{-\infty}^{\infty}\int_{-\infty}^{\infty}p(x)\,p(y|x)\log_2\frac{p(y|x)}{p(y)}dxdy=H(x)-H[x|y] \tag{2．83}$$

そのとき

$$H(x)=\int_{-\infty}^{\infty}-p(x)\log_2 p(x)\,dx \tag{2．84}$$

$$H(x|y)=\int_{-\infty}^{\infty}p(y)\,dy\int_{-\infty}^{\infty}[-p(y|x)\log_2 p(x|y)]dx \tag{2．85}$$

式（2．83）は，測定前の入力信号 x のあいまいさから，測定後の x のあいまいさを差し引いたものである。これは，y を測定するとき，未知信号 x に関

する情報量である。ここに，$p(x)$ は事象 x の確率で，$p(x|y)$ は事象 y に基づく事象 x の条件付き確率である。

また，式（２．83）は次のようにも表示される。

$$I[x;y]=\int_{-\infty}^{\infty}\log_2\left\{\frac{p(x)}{p(y|x)}\right\}p(x)\,dx \qquad （２．86）$$

現実のデータを生成する真の確率を $p(x)$ とする。これに近いモデルの確率 $p(x|y)$ が得られる場合の情報量であり，**カルバック・ライブラー**（Kulback-Leibler, (1951)）の基準情報量という。ここに，$p(x|y)$ は，ベイズの公式によって，x の事後確率密度であり，真の分布 $p(x)$ が分かると，カルバック・ライブラー情報量によって真の分布とモデル $p(y|x)$ の近さが評価しうる。I が小さいほど，$p(y|x)$ が真のモデルに近いといえる。

次に，事後確率分布は，真の確率変数 x と観測データの確率変数 y を含むとして，ベイズの定理から，次の関係が成立する（廣松　毅，浪花貞夫 (1990)）。

事後確率分布＝事前確率分布×尤度（likelihood）　（２．87）

いま，事前確率分布を $p(x)$ とすると，モデルの尤度を最大化する事後確率 $p(x|y)$ は，次式で与えられる。

$$p(x|y)=\frac{p(y|x)\,p(x)}{\int p(y|x)\,p(x)\,dx} \qquad （２．88）$$

対数の底に２の代わりに e を用いて，最大対数尤度から自由パラメータの数を減じた値を，近似的に期待平均対数尤度の推定値として，次の情報量基準（**AIC**，Akaike Information Criteria）を用いる。

AIC＝−2×(モデルの最大対数尤度)＋2×(モデルの自由パラメータ数)　（２．89）

一方，$p(y|x)$ と最大となる尤度は等しいとして，ベイズ確率を入れた赤池情報量基準（AIC），すなわち ABIC は，次式で表示される。

$$\mathrm{ABIC}=-2\log_e\int p(y|x)\,p(x|\lambda)\,dx+2k \qquad （２．90）$$

ここで，k：超パラメータの次元，λ：パラメータ。

モデル選択からは，AIC を最小にするモデルを選ぶことになる（北川源四郎(1993)）。なお，常用対数 $\log_{10}x$ として，$\log_e x = 2.303\log_{10} x$ は，グラフの勾配を求めるときに使用する。$\log_e = \ln$ とも書く。

［例題 2．6］ 次数mの自己回帰（AR）モデルは次式に示される。

$$x(t) = \sum_{i=1}^{m} a_i x(t-i) + u(t) \qquad \text{(E 2．17)}$$

ここに，$u(t)$：期待値 0，分散 σ^2 の正規分布

パラメータは，a_1, $a_2, \cdots, am$, σ^2 として，AIC は式（2．89）となることを導け。

［解］ 式（E 2．17）は，過去の値 $x(t-m), \cdots, x(t-1)$ が与えられたときの $x(t)$ の条件付 $f(x(t)|x(t-m), \cdots, x(t-1))$ であるから，

$$f(x(t)|x(t-m), \cdots, x(t-1)) = \frac{1}{\sqrt{2\pi\sigma^2}} \exp\left\{-\frac{1}{2\sigma^2}(x(t) - \sum_{i=1}^{m} a_i x(t-i))^2\right\} \qquad \text{(E 2．18)}$$

となり，AR（m）の対数尤度は，次式に示される。

$$\ell(a_1, \cdots, a_m, \sigma^2) = -\frac{m}{2}\log_e 2\pi\sigma^2 - \frac{1}{2\sigma^2}\sum_{t=1}^{m}\left\{x(t) - \sum_{i=1}^{m} a_i x(t-i)\right\}^2 \qquad \text{(E 2．19)}$$

このとき，$\partial\ell/\partial a_i = \partial\ell/\partial\sigma^2 = 0$ とおいて，このとき，$\sigma^2 = \hat{\sigma}^2$ とおき，最大対数尤度（Maximum log-likelihood）$\ell_{\max}$ を得ると，次式となる。

$$\ell_{\max} = -\frac{m}{2}\log_e 2\pi\hat{\sigma}^2 - \frac{m}{2} \qquad \text{(E 2．20)}$$

ここに，$\hat{\sigma}^2$：最大 ℓ となる σ^2 値

したがって，AIC は，式（2．89）を具体的に表現した次式となる。

$$\text{AIC} = -2\ell_{\max} + 2(m+1) \qquad \text{(E 2．21)}$$

ここで，m：AR の次数

このようにして，不確定性を伴う現象である時系列データから真の確率分布を推定し，AIC は真の確率分布との距離に最も近いモデルを評価しうる。

AIC 以外に，FPE（k）（Final Prediction Error）が自己回帰（AR）モデルにおいて，データの大きさ，$k=1,\cdots,m$ のうち，p 次のモデル（$p<m$）を選ぶとき，予測誤差を用いた次の基準を用いる。

$$\mathrm{FPE}(k)=\frac{n+k}{n-k}\hat{\sigma}_k{}^2 \tag{2.91}$$

この値が，最小となる k をモデルの次数とする。データの大きさ n が大きくなると，FPE≅AIC となる。

いま，モデルが2つあり，これより1つのモデルを選ぶとき，観測値のデータを n とし，自由パラメータ数 $\theta_i(i=1,2)$ とすると

$$\mathrm{AIC}_1=n\log_e\hat{\sigma}_1{}^2+2\theta_1 \tag{2.92}$$

$$\mathrm{AIC}_2=n\log_e\hat{\sigma}_2{}^2+2\theta_2 \tag{2.93}$$

ここで，上式の第1項は最大対数尤度であり，第2項は自由パラメータの数を表す。

AIC は，尤度比検定における危険率を，自由パラメータの数で決めている。AIC_1 が AIC_2 より大きいことは

$$\frac{\hat{\sigma}_1{}^2}{\hat{\sigma}_2{}^2}>\exp\left\{\frac{2(\theta_2-\theta_1)}{n}\right\},\qquad \exp(x)\equiv e^x\quad(x：\text{変数}) \tag{2.94}$$

であり，これから，次の関係が成立しなければならない。

$$\frac{\hat{\sigma}_1{}^2-\hat{\sigma}_2{}^2}{\hat{\sigma}_2{}^2}\cdot\frac{n-\theta_2}{\theta_2-\theta_1}>\frac{n-\theta_2}{\theta_2-\theta_1}\left[\exp\left\{\frac{2(\theta_2-\theta_1)}{n}\right\}-1\right] \tag{2.95}$$

モデル誤差項が正規分布に従い，自由度 $f_1=n-\theta_2$，$f_2=\theta_2-\theta_1$ をもつ F 分布となる。これによって，次数を選択する（廣松 毅，浪花貞夫（1990））。

参 考 文 献

1）Cooley, J. W., J. W. Turkey : An Algorithm for Machine Calculation of Complex Fourier Series, *Math. Comput*., **19**, 297-301（1965）

2）遠藤　靖：ウオルシュ解析，東京電機大学出版局（1993）

3）福西宏有：脳の情報処理機能解明への試み，(赤池弘次，北川源四郎編：時系列解析の実際II，pp.75-94，朝倉書店（1995)）

4）伊藤正美　監修，臼井支朗，伊藤宏司，三田勝巳共著：生体信号処理の基礎，オーム社（1985）

5）廣松　毅，浪花貞夫：経済時系列分析，朝倉書店（1990）

6）北川源四郎：Fortran 77，時系列解析プログラミング，岩波書店（1993）

7）Kullback, S., R. A. Leibler : On Information and Sufficiency, *Ann. Math. Statist*, **22**, 79-86（1986）

8）北原和夫：1，非平衡系のゆらぎ(武者利光編著：ゆらぎの科学 **3**，pp.1-25，森北出版（1993)）

9）小畑秀文，幹康：Windows 版 CAI ディジタル信号処理，コロナ社（1998）

10）Ogunnaike, B. A., W. H. Ray : Process Dynamics, Modeling and Control, Oxford University Press, New York（1994）

11）榊原　進：ウェーヴレット・ビギナーズガイド，東京電機大学出版局（1995）

12）佐々木隆志，花熊克友，中矢一豊，中西英二：ウェーブレット適応ディジタルフィルターによる異常信号の検出法，化学工学論文集，**20**（5)，631-635（1994）

13）佐藤　洋：情報理論，改定版，裳華房（1988）

14）Seinfeld, J. H., L. Lapidus : Mathematical Methods in Chemical Engineering, Vol.3, Process Modeling, Estimation and Identification, Prentice-Hall, New Jersey（1974）

15）Stewart, I. : Does God play Dice? : The Mathematics of Chaos　(1989), Penguin Books, England（共訳，須田不二夫，三村和男：カオス的世界像─神はサイコロ遊びをするか？，白揚社（1992)）

16）山川新二：自動車振動データの解析（赤池弘次，北川源四郎編：時系列解析の実際II，pp.40-60，朝倉書店（1995)）

第3章　線形振動プロセス

3．1　定常モデルによる時系列解析

3．1．1　自己回帰（AR）モデル

確率システムの確率変数 $x(t)$ が，線型であるとき，次式で示されるとき，

$$x(t)=\sum_{m=1}^{p}a_m x(t-m)+u(t) \tag{3．1}$$

このモデルを，$x(t)$ の p 次の自己回帰過程，あるいは AR (Autoregressive) プロセスという。また，p 次の AR モデルという。このとき，$a_m(m=1,2,\cdots,p)$ は定係数であり，$u(t)$ は平均値ゼロ，分散一定の白色雑音であり，期待値を意味する演算子（Operator）E として，期待値 $E[u(t)\cdot x(t-i)]=0$ $(i=1,2,\cdots p)$ である。なお，確率変数としては，ディジタル信号も入る。

Z 変換法によって，特性方程式の根の絶対値が1より大きいことが，安定性（または定常性）の条件となる。すなわち

$$1-a_1Z-a_2Z^2-\cdots-a_pZ^p=0,\ |a_i|<1 \tag{3．2}$$

ここに，$i=1,2,\cdots,p$

時間遅れの演算子Bを導入すると，$x(t)-x(t-p)=(1-B^p)x(t)$ となる。このことは，特性方程式の各項に，ラグ p のとき B^p を付することになる。

$By_n\equiv y_{n-1}$ によって定義される時間シフトオペレータ（lag operator）B として，たとえば，後述する ARMA (自己回帰移動平均) モデルは，次式で表示される。

$$(1-\sum_{i=1}^{m}a_iB^i)\,y_n=(1-\sum_{i=1}^{\ell}b_iB^i)\,\nu_n \tag{3．3}$$

また

$$a(B) \equiv 1-\sum_{i=1}^{m} a_i B^i, \quad b(B) \equiv 1-\sum_{i=1}^{\ell} b_i B^i \tag{3. 4}$$

式（3．1）で表現される AR モデルについて，分散 $\gamma(0)$ を求めると，次のようになる。

$$\begin{aligned}\gamma(0) &= E[x(t)\cdot x(t)] = E[a^2x^2(t-1)+2ax(t-1)\cdot u(t)+u^2(t)] \\ &= a^2\sigma_x + \sigma_u^{\ 2}\end{aligned} \tag{3. 5}$$

$\gamma(0)=\sigma_x^{\ 2}$ とおき，$a_1=a_2=\cdots a_p=a$ として，$\gamma(0)=\sigma_x^{\ 2}=\sigma_u^{\ 2}/(1-a^2)$ から，

$$\gamma(k)=a^k\gamma(0) \tag{3. 6}$$

観測された時系列 $\{x(n)\}$ がARモデルで表示されるとし，係数 $a_1, a_2, \cdots, a_p$ を推定することができる。すなわち，過去 p 点の値 $x(n-1), \cdots, x(n-p)$ で，$x(n)$ を予測するとし，式（3．1）の代わりに次式を用いる。

$$x(n)=-\sum_{k=1}^{p} a_k x(n-k)+e(n) \tag{3. 7}$$

ここで，$e(n)$ は予測誤差であり，残差という。AR モデルの係数は，最小二乗法で推定できる。すなわち

$$\begin{aligned}E[e^2(n)] &= E[\{x(n)+\sum_{k=1}^{p} a_k x(n-k)\}^2] \\ &= \phi(0)+2\sum_{s=1}^{p} a_k\phi(k)+\sum_{k=1}^{p}\sum_{\ell=1}^{p} a_k a_\ell \phi(k-\ell)\end{aligned} \tag{3. 8}$$

ここに

$$\begin{aligned}&\phi(0)=E[x^2(n)],\ \phi(k)=E[x(n)\cdot x(n-k)],\ \phi(k-\ell) \\ &\quad =E[x(n-k)\cdot x(n-\ell)]\end{aligned} \tag{3. 9}$$

最小値を求めるために，次の関係を用いる。

$$\frac{\partial E[e^2(n)]}{\partial a_k}=0, \quad (k=1,2,\cdots,p) \tag{3. 10}$$

したがって，次の関係を得る。

$$-\phi(k)=\sum_{i=1}^{p} a_\ell \phi(k-\ell),\ (k=1,2,\cdots,p) \quad (3.\ 11)$$

正規方程式で表現すると，次数 $a_1, a_2, \cdots, a_p$ について次式を得る。

$$\begin{bmatrix} \phi(0) & \phi(1) & \cdots & \cdots & \phi(p-1) \\ \phi(1) & \phi(0) & \phi(1) & \cdots & \phi(p-2) \\ \vdots & \vdots & & & \vdots \\ \phi(p-1) & \phi(p-2) & \cdots & \cdots & \phi(0) \end{bmatrix} \begin{bmatrix} a_1 \\ a_2 \\ \vdots \\ a_p \end{bmatrix} = -\begin{bmatrix} \phi(1) \\ \phi(2) \\ \vdots \\ \phi(p) \end{bmatrix} \quad (3.\ 12)$$

これを，**ユール・ウオルカー**（Yule-Walker）方程式という。

式（3．12）からARモデルの係数 a_m を効率的に計算する方法の代表的なものに，Levinson-Durbinのアルゴリズムがある。

式（3．12）は，次のように書ける。

$$\begin{bmatrix} \phi(0) & \phi(1) & \cdots & \phi(p-1) & \phi(p) \\ \phi(1) & \phi(0) & \cdots & \phi(p-2) & \phi(p-1) \\ \vdots & \vdots & & & \vdots \\ \phi(p-1) & \phi(p-1) & \cdots & \phi(1) & \phi(0) \end{bmatrix} \begin{bmatrix} 1 \\ a_1^{(p)} \\ \vdots \\ a_p^{(p)} \end{bmatrix} = -\begin{bmatrix} \sigma_p^2 \\ 0 \\ \vdots \\ 0 \end{bmatrix} \quad (3.\ 13)$$

ここで，$a_k^{(p)}$ の添え字 (p) は次のARモデルの係数であり，σ_p^2 は p 次のARモデルの残査である。

Toeplitz行列の特殊性から，AR係数の順序を入れ換え，次式を得る。

$$\begin{bmatrix} \phi(0) & \phi(1) & \cdots & \phi(p) & a_1^{(p)} \\ \phi(1) & \phi(0) & \cdots & \phi(p-1) & a_{p-1}^{(p)} \\ \vdots & \vdots & & \vdots & \vdots \\ \vdots & \vdots & & \phi(1) & a_p^{(p)} \\ \phi(p) & \phi(p-1) & \cdots & \phi(0) & 0 \end{bmatrix} - \frac{\Delta_{p+1}}{\sigma_p^2} \begin{bmatrix} a_p^{(p)} \\ a_{p-1}^{(p)} \\ \vdots \\ a_1^{(p)} \\ 1 \end{bmatrix} = -\begin{bmatrix} \phi(1) \\ \phi(2) \\ \vdots \\ \phi(p) \\ \phi(p+1) \end{bmatrix} \quad (3.\ 14)$$

ここで

$$\Delta_{p+1}=\phi(p+1)+\sum_{k=1}^{p} a_k^{(p)} \cdot \phi(p-k+1) \quad (3.\ 15)$$

および

$$\rho_{p+1}=-\Delta_{p+1}/\sigma_p{}^2,\ a_k{}^{(p+1)}=a_k{}^{(p)}+\rho_{p+1}\cdot a_{p-k+1}{}^{(p)},$$
$$(k=1,2,\cdots,p),\ a_{p+1}{}^{(p+1)}=\rho_{p+1}$$

一方，$(p+1)$ 次の AR モデルに対する残差は

$$\sigma_{p+1}{}^2=\phi(0)+\sum_{k=1}^{p+1}\phi(k)\,a_k{}^{(p+1)} \tag{3.16}$$

したがって

$$\begin{aligned}\sigma_{p+1}{}^2&=\phi(0)+\sum_{k=1}^{p}\phi(k)\,a_k{}^{(p)}+\rho_{p+1}\{\phi(p+1)+\sum_{k=1}^{p}\phi(k)\,a_{p-k+1}{}^{(p)}\}\\&=\sigma_p{}^2+\rho_{p+1}\Delta_{p+1}=\sigma_p{}^2(1-\rho_{p+1}{}^2)\end{aligned} \tag{3.17}$$

逐次的に，p 次の AR モデルの係数から，$(p+1)$ 次の AR モデルの係数を得ることができる。これを Levinson-Durbin のアルゴリズムという。また，$\sigma_{p+1}{}^2\geq 0$, $\sigma_p{}^2\geq 0$ から $|\rho_{p+1}|\leq 1$ が成立するので，PARCOR 係数(Partial correlation coefficient) ρ_{p+1} は，AR モデルの安定性が保たれる。もし，AR モデルが安定でなくなると，それ以上次数を大きくしても，意味がなくなる。

Levinson-Durbin のアルゴリズムでは，自己相関関数を推定しなければ，$\phi(k)$ が用いられない。自己相関関数は，k が大きくなるに従って推定精度が低下するので，結果的には，AR モデルの次数 p を近くに抑えざるを得なくなる。次数 p を大きくすると，スペクトル推定値は振動的となり，分散が大きくなる。

J. P. Burg (1968) は，自己相関関数を使わず，反射係数 $\{\rho_m\}$ を観測データから直接計算するアルゴリズムを提案した（臼井支朗，伊藤宏司，三田勝巳 (1985)）。

時系列データにおいて，m次の AR モデルにおける予測誤差は

$$e_f{}^{(m)}(n)=x(n)+\sum_{k=1}^{m}a_k{}^{(m)}x(n-k)$$

$$=e_f{}^{(m-1)}(n)+\rho_m e_b{}^{(m-1)}(n-1) \tag{3.18}$$

ここで，前向き予測誤差 $e_f{}^{(m)}(n)$ における $e_b{}^{(m-1)}$ は，一般化して

$$e_b^{(m)}(n)=x(n-m)+\sum_{k=1}^{m}a_k^{(m)}x(n-m+k) \tag{3.19}$$

であり，後向き予測誤差という。

式(3．18)に対して，時間軸を逆にして，後向きに $x(n-m)$ を予測したときの後向き予測誤差 $e_b^{(m)}(n)$ は，次のように表される。

$$e_b^{(m)}(n)=e_b^{(m-1)}(n-1)+\rho_m e_f^{(m-1)}(n) \tag{3.20}$$

J. P. Burg (1968) は，前向き予測誤差と後向き予測誤差の2乗和を，評価関数 J_m とした。

$$J_m=\sum_{n=m}^{N-1}\left\{e_f^{(m)}(n)^2+e_b^{(m)}(n)^2\right\} \tag{3.21}$$

J_m 値を最小とするように，ρ_m を決めた。このとき，$|\rho_m<1|$ であり，AR モデルの安定性が保たれる。

AR モデルの次数判定の評価基準として，2章で述べたように，FPE, AIC がある。すなわち，次式を最小とする m の値を求める。

$$\mathrm{FPE}(m)=\sigma_m^2\left(\frac{N+m+1}{N-m-1}\right) \tag{3.22}$$

データ数N，その平均値はゼロとする。また，AIC は次式で示される。

$$\mathrm{AIC}(m)=\log_e n(\sigma_m^2)+\frac{2(m+1)}{N} \tag{3.23}$$

上式の右辺第1項は，mの増加とともに減少し，第2項は増加するので，あるmで，上式は最小値を示す。N が大きくなると，FPE ≒ AIC の関係が得られる。実際には，$m=3\sqrt{N}$ の値まで計算し，その中で FPE，AIC が最小となる最適な次数が選ばれる。

花熊克友ら (1997) は，直鎖状低密度ポリエチレン構成装置の触媒流量の異常検出に，AR モデル推定残差列の仮定検定に平均値間の差の t 検定，不偏分散の比のF検定を用い，帰無仮説と対立仮説の検定を行っている。また，AR モデルの次数m，仮説検定のデータ数N，比較データから決める現在から過去のステップ数L，F検定のしきい値，t 検定のしきい値をそれぞれ変え，図3．1

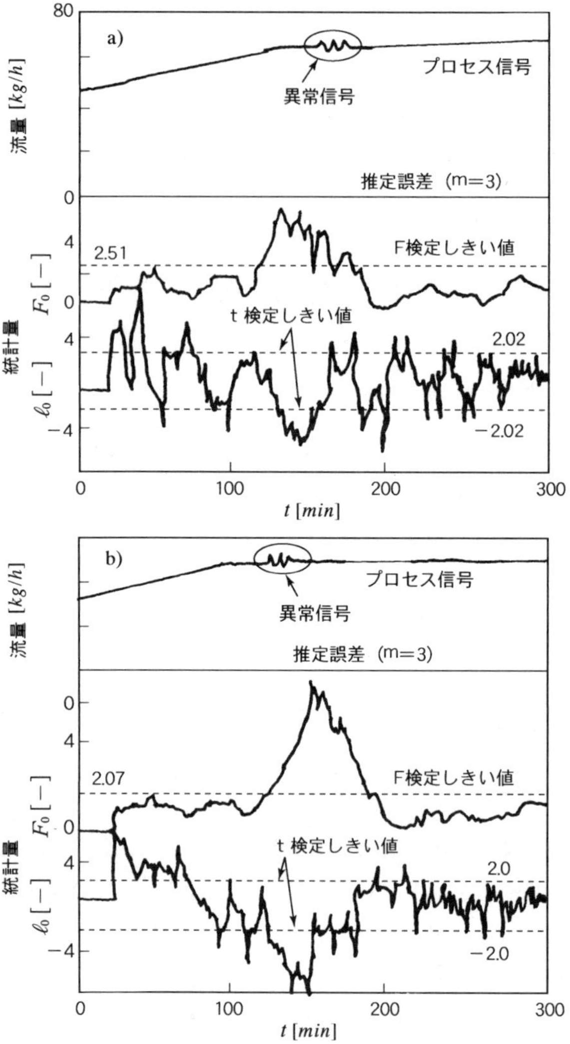

図3．1　仮説検定を用いた異常信号処理（m=3, n=30, L=30）

（花熊克友ら（1997））

a）t検定：±2.02, F検定：2.51
b）t検定：±2.00, F検定：2.07

a)，b）にその結果を示している。S. H. Yang *et al*.（1998）は，FCC（流動接触分解装置）の分解塔－再生塔間の触媒循環流量制御のソフトセンサーを用いて，状態空間モデル表示を併せて，その予測制御を行っている。

［例題3．1］ 廣松　毅，浪花貞夫（1990）は，2次の自己回帰モデル AR(2) を，次のように表している。

$$x(t)=1.8x(t-1)-0.8x(t-2)+u(t) \qquad \text{(E 3.1)}$$

時点 t における1期先，2期先，n 期先の予測式を示せ。

［解］ 現時点 $n=0$ として，$n=1$ にて

$$\bar{x}(t,1)=1.8x(t,0)-0.8x(t-1,1),\quad \bar{x}(t,2)=1.8\bar{x}(t,1)-0.8\bar{x}(t,0)$$

$$\bar{x}(t,n)=1.8\bar{x}(t,n-1)-0.8\bar{x}(t,n-2)$$

3．1．2　移動平均（MA）モデル

2章で一部紹介したが，過去 q 期までたどるモデルは移動平均過程，あるいはMA（Moving average）プロセスと呼ばれる。一般に，q 次の移動平均モデルにおいて，表現された級数が収束するとき，元のモデルは次のように表される。

$$x(t)=u(t)-b_1u(t-1)-b_2u(t-2)-\cdots-b_qu(t-q) \qquad (3.24)$$

反転可能な条件は，MA(q) モデルに対して，次式：

$$1-b_1Z-b_2Z^2-\cdots-b_qZ^q=0 \qquad (3.25)$$

の根が，その絶対値が1より大きいことである。

たとえば，簡単な1次の自己回帰移動平均モデルは，次式で表される。

$$x(t)-ax(t-1)=u(t)-bu(t-1),\quad |a|<1,\quad |b|<1 \qquad (3.26)$$

で表し，このとき　$E[x(t)]=0$，$\gamma(0)=E[x(t)^2]=(1-2ab+b^2)/(1-a^2)$，

$\gamma(1)=[(a-b)(1-ab)]\sigma_u{}^2/(1-a^2)$, $\sigma_u{}^2=E[u(t-1)x(t-1)]$となる。$k\geq 2$として，$\gamma(k)=a^{k-1}\cdot\gamma(1)$。自己相関係数 $\rho(1)=\gamma(1)/\gamma(0)$ であり，$\rho(k)=a^{k-1}\rho(1)$。

3．1．3　自己回帰移動平均（ARMA）モデル

次数 (p,q) の自己回帰移動平均過程，あるいは，ARMA (p,q) (Autoregressive moving average) モデルは，次に示される。

$$x(t)-a_1x(t-1)-a_2x(t-2)-\cdots-a_px(t-p)$$
$$=u(t)-b_1u(t-1)-b_2u(t-2)-\cdots-b_qu(t-q) \qquad (3.27)$$

上式をZ変換すると

$$x(k)=\frac{1-b_1Z-b_2Z^2-\cdots-b_qZ^q}{1-a_1Z-a_2Z^2-\cdots-a_pZ^p} \qquad (3.28)$$

定係数 $a_i(i=1,2,\cdots,p)$ をゼロとおいたときには移動平均モデル，また，$b_j(j=1,2,\cdots,q)$ がゼロのときには自己回帰モデルとなり，前の2つのモデルを一般化したモデルといえよう。式(3．26)に，その簡単なモデルを示した。

自己回帰移動平均(ARMA)モデルの定常性は，$b_j=0$ とした自己回帰(AR)モデルの部分によって与えられる。そのとき，根の絶対値が1より大きいことを要求する。

［例題3．2］ ARMAモデルについて，自己共分散関数を導け。

［解］ 式（3．27）の両辺に x_{n-k} を掛けて，期待値をとると

$$E[x_nx_{n-k}]=\sum_{i=1}^{p}a_iE[x_{n-i}x_{n-k}]+E[\nu_nx_{n-k}]-\sum_{i=1}^{q}b_iE[\nu_{n-i}x_{n-k}] \qquad (E3.2)$$

ここで，$u(t)=\sum_{i}^{\infty}\nu_i$・

また，時系列 x_n と白色雑音 ν_n の共分散について，次のように表せる。

$$E[\nu_nx_m]=\sum_{i=0}^{\infty}g_1E[\nu_n\nu_{m-1}]=\begin{cases}0 & n>p\\ \sigma^2g_{m-n}, & n\leq mp\end{cases} \qquad (E3.3)$$

ここで，g_i：インパルス応答関数（$i=1,2,\cdots$）

これより，ARMA モデルの自己共分散関数 $C_k \equiv E[x_n x_{n-k}]$ について，次のような方程式が得られる。

$$C_0=\sum_{i=1}^{p} a_i C_i+\sigma^2\left\{1-\sum_{i=1}^{q} b_i g_i\right\} \quad \text{(E 3. 4 a)}$$

$$C_k=\sum_{i=1}^{p} a_i C_{k-i}-\sigma^2\sum_{i=1}^{q} b_i q_{i-k},\ \ k=1,2,\cdots \quad \text{(E 3. 4 b)}$$

したがって，ARMA モデルの次数 p,q およびパラメータ a_i,b_i,σ^2 が与えられるとき，まずインパルス応答関数 $g_1,\ g_2,\cdots,\ g_q$ を求めて，式（E 3．4 a）を解いて，自己共分散関数 $C_0,C_1,\cdots$ を求める。ここにインパルス応答関数は，$g(B)=\sum_{i=0}^{\infty} g_i B^i$ であり，$g_0=1,\ g_i=\sum_{i=1}^{i} a_j g_i - b_i (i=1,2,\cdots)$ とし，$j>p$ のとき $a_j=0,\ j>q$ のとき，$b_j=0$ とおく。

3．1．4　Box-Jenkins の方法によるモデル判別

廣松　毅，浪花貞夫（1990）に従えば，自己回帰（AR），移動平均（MA），自己回帰移動平均（ARMA）のモデル判定に，Box-Jenkins（1976）は，偏自己相関係数を用いる方法を提案している。すなわち，自己相関係数 $\phi_{xi}(i=0,1,2,\cdots,k-1$，期待値 0，分散 $\sigma^2,\rho_i=\phi_{xi}/\phi_{x0},\phi_{x0}=\sigma^2$ とおくと，

$$\begin{bmatrix} \phi_{x0} & \phi_{x1} & \cdot & \cdot & \phi_{xk-1} \\ \phi_{x1} & \phi_{x0} & \cdot & \cdot & \phi_{x,k-2} \\ \cdot & \cdot & \cdot & & \cdot \\ \cdot & \cdot & \cdot & & \cdot \\ \phi_{x,k-1} & \phi_{x,k-2} & \cdot & \cdot & \phi_{x0} \end{bmatrix} = \sigma^2 \begin{bmatrix} 1 & \rho_1 & \rho_2 & \cdot & \rho_{k-1} \\ \rho_1 & 1 & \rho_1 & \cdot & \rho_{k-2} \\ \cdot & & & \cdot & \cdot \\ \cdot & & \cdot & \cdot & \cdot \\ \rho_{k-1} & \rho_{k-2} & \rho_{k-3} & \cdot & 1 \end{bmatrix} = \sigma^2 P_k \quad \text{(3. 29)}$$

ここで

$$P_k=\begin{bmatrix} 1 & \rho_1 & \rho_2 & \cdot & \rho_{k-1} \\ \rho_1 & 1 & \rho_1 & \cdot & \rho_{k-2} \\ \cdot & & \cdot & & \cdot \\ \cdot & & & \cdot & \cdot \\ \rho_{k-1} & \rho_{k-2} & \rho_{k-3} & \cdot & 1 \end{bmatrix} \qquad (3.30)$$

このとき，P_k の k 列目の各要素を，$\rho_1,\rho_2,\cdots,\rho_k$ で置き換えた行列を $P_k{}^*$ とする。すなわち

$$P_k{}^*=\begin{bmatrix} 1 & \rho_1 & \rho_2 & \cdot & \rho_1 \\ \rho_1 & 1 & \rho_1 & \cdot & \rho_2 \\ \cdot & & \cdot & \cdot & \cdot \\ \cdot & & & \cdot & \cdot \\ \rho_{k-1} & \rho_{k-2} & \rho_{k-3} & \cdot & \rho_k \end{bmatrix} \qquad (3.31)$$

このとき,偏自己相関関数（PARCOR, partial autocorrelation coefficient）$\Phi_{k,k}$ は，次のように表示される。

$$\Phi_{k,k}=\frac{P_k{}^*}{P_k} \qquad (3.32)$$

AR (自己回帰)モデルにおいては,偏自己相関関数は,次数 k を越えると $\Phi_{k,k}=0$ となり，一般に偏自己相関関数が 0 でない次数(またはラグ) k までの過去の値は，現時点に関連する情報をもっている。また，MA (移動平均)モデルの偏自己相関関数は，次数 k が大きくなっても，次第に減少するが，同じ次数の AR モデルの自己相関関数と同様の傾向を示す。その他，PARCOR 係数は，音声の波形に含まれる相関性を効率よく表現し，規則によって音声合成する方法として利用される（吉井　貞（1989)）。

Box-Jenkins の方法は，モデルの型と次数の決定，パラメータの推定，検定などで，多くの作業が必要であり，経験的な知識を必要とする。モデル選択のためには，後で述べるAIC（赤池情報量基準）の利用が望まれる。

3．2　非定常モデルによる時系列解析

経済時系列の動きを解析するとき，そのトレンドの変化を見るのに，期待値の水準の変化，共分散構造の変化などが入る。トレンドの変化を平均非定常，共分散構造の変化を共分散非定常という。非定常な系列を定常過程に変換することを，定常化という。廣松　毅，浪花貞夫（1990）に従うと，Box-Jenkins は，原系列を $x(t)$ として，系列 $y(t)$ について求めている。

$$y(t)=\nabla^d x(t)=(1-B)^d x(t) \tag{3．33}$$

この近似化した系列 $y(t)$ は，定常系列とみなせるとしている。ここに，d：階差，B：時間シフトオペレーター

すなわち，$d=1$ のとき，

$$\nabla x(t)=x(t)-x(t-1)=(1-B)x(t) \tag{3．34}$$

$d=2$ のとき，

$$\nabla^2 x(t)=x(t)-2x(t-1)+x(t-2)=(1-B)^2 x(t) \tag{3．35}$$

通常階数を増やすにつれて，白色雑音に近くなり，原系列のもつ特性が失われることがある。

3．2．1　積分混合（ARIMA）モデル

和分自己回帰移動平均（Autoregressive Integrated Moving Average）モデルとも呼ばれ，すなわち Box-Jenkins の ARIMA モデルは，出力過程 $\{y(t)\}$ に対して，d 階差分過程 $\Delta^d y(t)$ として，次の形で定義される。

$$\Delta^i y(t)=\Delta^{i-1}y(t)-\Delta^{i-1}y(t-1),(i=1,2,\cdots,d) \tag{3．36 a}$$

$$\Delta' y(t)=y(t)-y(t-1),\quad \Delta^0 y(t)=y(t) \tag{3．26 b}$$

このとき，定常可逆な ARIMA(ℓ,d,m) モデルといい，このとき，(ℓ,d,m) は次元である。

[例題３．３] $x(t)$ の１階の階差系列 $z(t)$ に対して，ARIMA（1，1，1）モデルは

$$z(t)=a_1 z(t-1)+u(t)-b_1 u(t-1) \tag{E３．６}$$

で表される。上の方法に従って，ARIMA（p，d，q）モデルを表示せよ。

[解] いまシフトオペレータ $B^k z(t)=z(t-k)$ および階差オペレータ $\nabla^d z(t)=(1-B)^d z(t)$ を用いて

$$a(B)=1-a_1 B-\cdots-a_p B^p \tag{E３．７}$$

$$b(B)=1-b_1 B-\cdots-b_q B^q \tag{E３．８}$$

$$z(t)=\begin{cases}\nabla^d x(t), d>0\\ x(t),\ d=0\end{cases} \tag{E３．９}$$

とすると，ARIMA（p，d，q）モデルは，次のように表示される。

$$a(B)z(t)=b(B)u(t) \tag{E３．10}$$

３．２．２　積分自己回帰（Intergrated AR）モデル

これは，IAR モデルとも書かれ，すなわち

$$\Delta^d y(t)+\sum_{i=1}^{\ell} C_i \Delta^d y(t-i)=u(t) \tag{３．37}$$

となる。たとえば，IAR（2，1，0）モデルは

$$\Delta y(t)+a_1\Delta y(t-1)+a_2\Delta y(t-2)=u(t) \tag{３．38}$$

３．２．３　積分移動平均（Integrated MA）モデル

IMA モデルとも書かれ，$\Delta^d y(t)$ 過程が，次のように表される。

$$\Delta^d y(t)=u(t)+\sum_{i=1}^{m} b_i u(t-i) \tag{３．39}$$

これは，IMA（0，d，m）とも書かれる。0 次元は省略されることがある。

3．3　状態空間表示とカルマンフィルター

3．3．1　状態空間表示

状態空間による入力－出力の関係表示は，系の内部の状態に触れることができる。時間の推移とともに，得られる情報によって変化する。ここでは，線形システムの入力関数（または制御変数）に対する出口応答を扱う。

モデルの形（インパルス応答，周波数応答，伝達関数表示）のいずれも状態空間表示に関係し，線形のプロセスモデルが統一される。図3．2にその関係を示す。

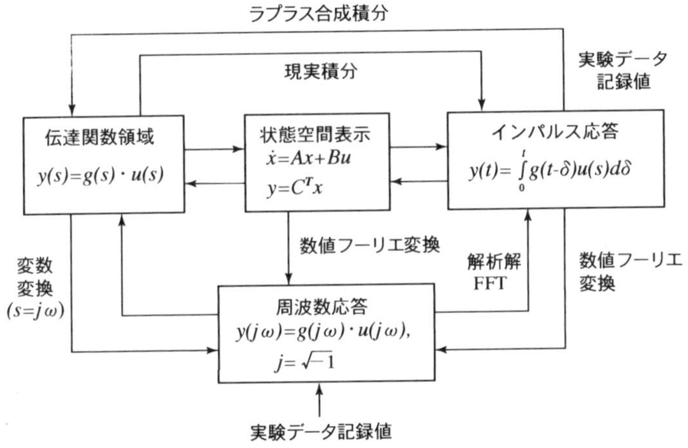

図3．2　プロセスモデルの形式間の関係

時系列データを連続過程として扱うとき，その表示は次のようになる。

$$\dot{x}(t)=F\cdot x(t)+G\cdot u(t) \qquad (3.40)$$

$$y(t)=H\cdot x(t)+w(t) \qquad (3.41)$$

離散過程のときは，次の表示ができる。

$$x(k+1)=\Phi x(k)+G\cdot u(k) \qquad (3.42)$$

$$y(k)=H\cdot x(k)+w(k),\quad k=0,1,\cdots,n \qquad (3.43)$$

ここで，k：Lag（ラグ）ともいう。

xをシステムの状態変数とし，yは観測データの変数である。また，Φ，G，Hはそれぞれ，$k\times k$，$k\times m$，$\ell\times k$の行列である。上の式のxについての方程式は，システム方程式といい，$u(k)$をシステムノイズ，yについての方程式は，観測方程式といい，$w(k)$のことを観測ノイズという。

連続過程として扱えるとき，初期値$x(0)$とすると

$$x(t)=\exp[\Phi(t)]x(0)+\int_0^t \exp[\Phi(t-\tau)]G\cdot u(t)\,d\tau \tag{3.44}$$

および

$$y(t)=H\cdot\exp[\Phi(t)]\cdot G \tag{3.45}$$

状態ベクトルx_nを推定すべき信号と考えると，システムモデルは信号の発生メカニズムを表すモデルとなり，観測モデルでは，プロセス信号を実際に観測するとき，信号に変換されるとともに，ノイズが加わる様子を表している。

たとえば，時系列y_nは，ARモデルに従うとする。

$$y_n=\sum_{i=1}^{m} a_i y_{n-1}+v_n \tag{3.46}$$

このとき，状態ベクトルを$x_n=[y_n, y_{n-1}, \cdots, y_{n-m+1}]^T$と定義すると，$x_n$と$x_{n-1}$の間には

$$x_n=Fx_{n-1}+Gv_n \tag{3.47}$$

が成立する。ただし，FとGは次のように与えられる。

$$F=\begin{bmatrix} a_1 & a_2 & \cdots & \cdots & a_m \\ 1 & & & & \\ & \ddots & & & \\ & & \ddots & & \\ & & & 1 & 0 \end{bmatrix},\quad G=\begin{bmatrix} 1 \\ 0 \\ \vdots \\ \vdots \\ 0 \end{bmatrix} \tag{3.48}$$

これらは，それぞれ$m\times m$行列，m次元ベクトルである。

状態 x_n の第1成分が y_n であることから，$H=[1\ 0\ \cdots\ 0]$ とおけば

$$y_n=H\cdot x_n \tag{3.49}$$

によって，観測モデルが得られる。システムノイズおよび観測ノイズの分散は，それぞれ $Q=\sigma^2, R=0$ となる。

［例題3．4］ 自己回帰移動平均（ARMA）モデルの状態空間表現を行え（北川源四郎（1993））

［解］ ARMA モデルによる時系列 $\{y_n\}$ は，次式で表示される。

$$y_n=\sum_{j=1}^{m}a_j y_{n-j}+\nu_n-\sum_{j=1}^{\ell}b_j\nu_{n-j} \tag{E3.11}$$

ただし，ν_n は平均0，分散 σ^2 の正規白色雑音である。

いま，

$$\bar{y}_{n+1|n-1}=\sum_{j=i+1}^{m}a_j y_{n+i-j}-\sum_{j=1}^{\ell}b_j\nu_{n+i-j} \tag{E3.12}$$

と定義する。$\bar{y}_{n+1|n-1}$ は，y_{n+j} のうち，時刻 $n-1$ までの時系列の測定値 y_{n-1}，y_{n-2}，… と，時刻までのノイズ v_n，ν_{n-1}，… で直接表現できる部分を示している。このとき，次の関係が成立する。

$$y_n=a_1y_{n-1}+\bar{y}_{n|n-2+\nu_n},\quad \bar{y}_{n+1|n-1}=a_{i+1}y_{n+1}+\bar{y}_{n+1|n-2}-b_i\nu_n,$$
$$y_{n+k-1|n-1}=a_k y_{n-1}-b_{k-1}\nu_n \tag{E3.13}$$

したがって，$k=\max(m,\ \ell+1)$ とし，k 次元の状態ベクトルを

$$x_n=[y_n,\bar{y}_{n+1|n-1},\cdots,\ \bar{y}_{n+k-1|n-1}]^T \tag{E3.14}$$

と定義すると，次の状態空間表示を得る。

$$x_n=Fx_{n-1}+G\cdot\nu_n$$
$$y_n=H\cdot x_n \tag{E3.15}$$

ここで

$$F=\begin{bmatrix} a_1 & 1 & 1 & & & \\ a_2 & & & \cdot & & \\ \cdot & & & & \cdot & \\ \cdot & & & & & 1 \\ a_k & \cdot & \cdot & \cdot & & \end{bmatrix},\quad G=\begin{bmatrix} 1 \\ -b_1 \\ \cdot \\ \cdot \\ -b_{k-1} \end{bmatrix},\quad H=[1\ 0\ \cdots\ 0] \qquad (\text{E }3.\ 16)$$

3．3．2　カルマンフィルターによる状態の推定

非定常な過程に対する平均二乗を最小にする線形推定として，R. E. Kalman (1960) は，信号 $x(t)$ が白色雑音 $u(t)$ によって駆動される時間的に変動する線形系に対して，最適フィルターを開発した（片山　徹 (1983)）。カルマンフィルターについて，過去から現在の時点に至る測定データから，現在時点の信号値を推定する線形フィルターであり，いますべての量について，$0,1,\cdots,k$ という時点において，$u_0,u_1,u_2,\cdots$ は互いに独立であり，期待値0，分散 $U_0,U_1,U_2,\cdots$ の白色雑音であるので，信号 $x_1,x_2,\cdots$ は，次のように，白色雑音 $u_k\cdots$ を入れて，最小二乗則で扱うと，表示される。

$$x_{k+1}=A_kx_k+B_ku_k\ ,\ k=0,1,2,\cdots \qquad (3.\ 50)$$

ここで，x_0 は，期待値０，分散 σ_0，すべての u_k と独立である。

したがって，$E[x_k]=0$ で，x_{k+1} の分散 σ_{k+1} は，$\sigma_{k+1}=A_k{}^2X_k+B_k{}^2U_k$ として計算される。測定データ y_k は，u_k,x_k とは，独立な雑音 w_k が信号に加わり，

$$y_k=C_kx_k+w_k\ ,\ k=0,1,2,\cdots \qquad (3.\ 51)$$

ここで，雑音 w_k の期待値０，分散は $\sigma_w{}^2$ であり，y_k の期待値は０である。

過去から現在に至る測定値 $y_0,y_1,\cdots y_k$ からなる信号の現在値 x_k を推定する。システムのブロック線図（佐藤　洋 (1988)）を，図３．３に示した。
まず，$k=0$ として

$$y_0=C_0x_0+w_0 \qquad (3.\ 52)$$

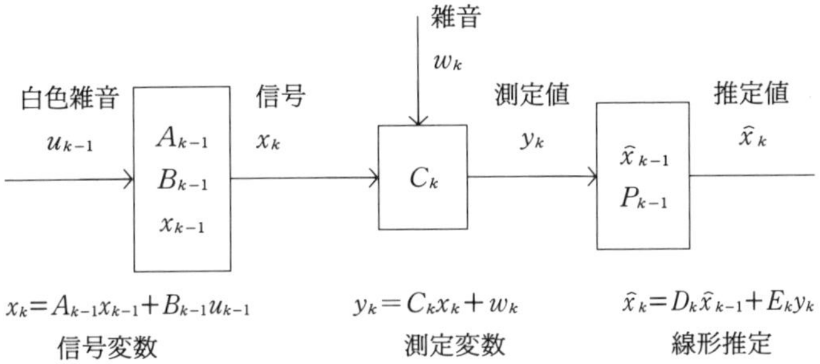

図3．3　カルマンフィルターの原理（$\boldsymbol{A}, \boldsymbol{B}, \boldsymbol{C}, \boldsymbol{D}, \boldsymbol{E}$：行列変数）

を考える。測定値 y_0 から x_0 の線形推定 $\hat{x}_0 = a_0 y_0$ を行う。このとき，$a_0 = C_0\sigma_0/(C_0^2\sigma_0 + W_0)$，初期の推定誤差 P_0 とおくと

$$P_0 = E[(\hat{x}_0 - x_0)^2] = \frac{W_0\sigma_0}{C_0^2\sigma_0 + W_0} \qquad (3.53)$$

となり，a_0 を P_0 を用い，$a_0 = C_0P_0/W_0$ となり

$$\hat{x}_0 = \frac{C_0P_0}{W_0} y_0 \qquad (3.54)$$

次に，y_0 のみから，$x_1 = A_0x_0 + B_0u_0$ を推定する最適推定を x_1' とすれば，これは $x_1' = A_0\hat{x}_0$ となり

$$x_1' = A_0\hat{x}_0 = \frac{A_0C_0P_0}{W_0} y_0 \qquad (3.55)$$

この最適推定の誤差を M_1 とおけば

$$\begin{aligned} M_1 &= E[(x_1' - x_1)^2] = E[\{A_0(\hat{x}_0 - x_0) - B_0u_0\}^2] \\ &= A_0^2P_0 + B_0^2U_0 \end{aligned} \qquad (3.56)$$

となる。

次に，測定値 $y_1 = C_1x_1 + w_1$ として，y_0, y_1 からを x_1 推定する。y_0, y_1 の代わりに，x_1' と y_1 から推定し，$x_1' = a_0x_1' + a_1y_1$ として，P_0 を用いて a_0, a_1 を求めると

$$a_0 = \frac{W_1}{C_1{}^2 W_1 + W_1} \tag{3.57}$$

$$a_1 = \frac{C_1 W_1}{C_1{}^2 M_1 + W_1} \tag{3.58}$$

となる。推定誤差は

$$P_1 = E[(\hat{x}_1 - x_1)^2] = \frac{W_1 M_1}{C_1{}^2 M_1 + W_1} \tag{3.59}$$

が得られ，P_1 を用いると

$$a_0 = 1 - \frac{C_1{}^2 P_1}{W_1}, \quad a_1 = \frac{C_1 P_1}{W_1} \tag{3.60}$$

と表せるので，最適な推定は次のようになる。

$$\hat{x}_1 = x_1{}' + \frac{C_1 P_1}{W_1}(y_1 - C_1 x_1{}') \tag{3.61}$$

さらに，$y_0, y_1, \cdots, y_{k-1}$ からの x_k の推定 $x_1{}'$ と $y_0, y_1, \cdots y_{k-1}, y_k$ からの x_k の推定 $x_1{}'$ を考える。$x_k = A_{k-1} x_k + B_{k-1} u_{k-1}$ であるから，$x_1{}'$ と k 番目の最適推定誤差 M_k は

$$\begin{aligned} M_k &= E[(x_k{}' - x_k)^2] = E\{A_{k-1}(\hat{x}_{k-1} - x_{k-1}) - B_{k-1} u_{k-1}\}^2 \\ &= A_{k-1}{}^2 \cdot P_{k-1} + B_{k-1}{}^2 \cdot u_{k-1} \end{aligned} \tag{3.62}$$

ここに，$x_1{}' = \mathrm{A}_{k-1} \cdot \hat{x}_{k-1}$ とおいた。

さらに，$y_0, y_1, \cdots, y_k$ からの x_k の推定が，$x_1{}'$ と y_0 からの線形推定になるとし，線形推定 $\hat{x}_k$，推定誤差 P_k とすると

$$\hat{x}_k = x_1{}' + \frac{C_k P_k}{W_k}(y_k - C_k x_k{}') \tag{3.63}$$

$$P_k = E[(\hat{x}_k - x_k)^2] = \frac{W_k M_k}{C_k{}^2 M_k + W_k} \tag{3.64}$$

各々の k に対して，再帰的な計算ができる。初期条件としては，$x_0{}' = 0,\ M_0 = X_0$ とおくとよい。

観測値 $Y_j = \{y_1, y_2, \cdots, y_j\}$ に基づいて，時刻 n における状態 x_n の推定を行う

として，赤池弘次，北川源四郎（1993）に従うと，$j<n$ の場合は，観測区間より先の将来の状態を推定することになり，**予測**（Prediction）という。$j=n$ の場合は，観測区間の最終時点，すなわち現在の状態を推定することになり，**フィルター**（filtering）という。また，$j>n$ の場合，現在までの観測値に基づいて過去の状態の推定を行う問題で，**平滑化**（Smoothing）という。状態空間モデルについては，カルマンフィルターによって，次の逐次的な計算アルゴリズムによって，状態 x_n の条件付き周辺分布を効率的な計算ができる。

いま，状態の条件付き平均と分散共分散行列を，

$$x_{n|j} \equiv E(x_n | Y_j)$$
$$V_{n|j} \equiv E[(x_n - x_{n|j})(x_n - x_{n|j})^t] \quad (3.65)$$

で表す。

カルマンフィルターのアルゴリズムによって1期先予測，時系列 $Y_n=\{y_1, y_2, \cdots, y_n\}$ に基づいて，j 期先の状態 $x_{n+j}(j>1)$ を推定する長期予測を取り上げる。

a．1期先予測（Prediction）

いま，$x_n=F_n x_{n-1}+G_n v_n$ より

$$x_{n|n-1}=E(x_n|Y_{n-1})=E(F_n x_{n-1}+G_n v_n|Y_{n-1})$$
$$=F_n \cdot E(x_{n-1}|Y_{n-1})=F_n x_{n-1}|_{n-1} \quad (3.66)$$

また

$$V_{n|n-1}=E(x_n-x_{n|n-1})^2=E\{F_n(x_{n-1}-x_{n-1|n-1})+G_n v_n\}^2$$
$$=F_n \cdot E(x_{n-1}-x_{n-1|n-1})^2 F_n^t+G_n \cdot E(v_n^2) G_n^t$$
$$=F_n V_{n-1|n-1} F_n^t+G_n Q_n G_n^t \quad (3.67)$$

b．フィルター（Filtering）

このアルゴリズムでは，カルマンゲイン K_n が求まる。また，$y_n-H_n x_{n|n-1}$ は

y_n の予測誤差，$H_n V_{n|n-1} H_n^t + R_n$ はその分散共分散行列である。すなわち

$$K_n = V_{n|n-1} H_n^t (H_n V_{n|n-1} H_n^t + R_n)^{-1} \tag{3.68}$$

とおいて，x_n のフィルターの平均ベクトルは，予測ベクトル $x_{n|n-1}$ と予測誤差にカルマンゲインを掛けたものの和として求められる。

$$x_{n|n} = x_{n|n-1} + K_n (y_n - H_n x_{n|n-1}) \tag{3.69}$$

または

$$x_{n|n} = K_n y_n + (I - K_n H_n) x_{n|n-1} \tag{3.70}$$

ここで，$x_{n|n}$ は，新しい観測値 y_n と予測ベクトル $x_{n|n-1}$ の加重和となっている。$V_{n|n}$ は，次のように書ける。

$$V_{n|n} = V_{n|n-1} - K_n H_n V_{n|n-1} = (I - K_n H_n) V_{n|n-1} \tag{3.71}$$

上式の $K_n H_n V_{n|n-1}$ は，観測値 y_n からの情報によって，x_n の状態推定の精度が改善されることを示している。ここに，I は単位1の行列である。

c. 平滑化（Smoothing）

時系列 $Y_N = \{y_1, y_2, \cdots, y_N\}$ が与えられたとき，途中の状態 x_n を推定する問題である。フィルターが時刻 n までの観測値だけを用いて，x_n を推定しているのに対し，平滑化のアルゴリズムは，得られているすべての観測値を用いて，推定する。

すなわち，固定区間平滑化に対して

$$x_{n|N} = x_{n|n} + A_N (x_{n+1|N} - x_{n+1|n}) \tag{3.72}$$

ここで

$$A_n = V_{n|n} F_{n+1}{}^t V_{n+1|n}{}^{-1} \tag{3.73}$$

$$V_{n|N} = V_{n|n} + A_n (V_{n+1|N} - V_{n+1|N}) A_n{}^t \tag{3.74}$$

カルマンフィルターによって $\{x_{n|n-1}, x_{n|n}, V_{n|n-1}, V_{n|n}\}\{n=1,2,\cdots,N)$ を求めたあと，式（3．72）～式（3．74）に従って，$x_{N-1|N}$, $V_{N-1|N}$ から順に，時間的に逆方向に $x_{1|N}$, $V_{1|N}$ まで求める。

状態の長期予測には，カルマンフィルターによって x_{n+1} の1期先予測の平均 $x_{n+1|n}$ および分散共分散行列 $V_{n+|n}$ が求められる。いま，観測値 y_{n+1} が得られないことを考慮して，$Y_{n+1}=Y_n$ が成立するとして，$x_{n+1|n+1}=x_{n+1|n}$, $V_{n+1|n+1}=V_{n+1|n}$ より，2期先以降の予測ができる。$Y_n=Y_{n+1}=\cdots Y_{n+j}$ から，時刻 n までの観測値 Y_n に基づいて，$x_{n+1},\cdots,x_{n+j}$ を予測することになる。

すなわち，長期予測のアルゴリズムは

$$x_{n+1|n}=F_{n+i}\cdot x_{n+i-1|n} \qquad (3．75\,\mathrm{a})$$

$$V_{n+i|n}=F_{n+i}\cdot V_{n+i-1|n}F_{n+i}{}^{t}+G_{n+i}\cdot Q_{n+i}G_{n+i}{}^{t} \qquad (3．75\,\mathrm{b})$$

これによって，工業反応器の操作誤りを推定できる。この例として，P.A.F.N. A. Afonos et al. (1998) は，プロセスにおける流通槽型反応器（CSTR）での液高，流量，温度調節の操作に，拡張カルマンフィルターを用いて，その安全性を検定し，その折，統計仮説としてF検定を用いている。D. I. Wilson *et al*. (1998) は，工業回分反応器で，逐次-並発液相反応を実施し，状態空間理論を用いて，拡張カルマンフィルターによって，不確定性の推定に適用している。

3．4　トレンド解析

線形の時系列の傾向はトレンド（Trend）によって把握でき，実際に観測される時系列は，トレンドに様々な変動成分が加わったものである。このうちで，最も単純な時系列は，次式で表される。

$$y_n=t_n+w_n \qquad (3．76)$$

ここで，w_n：白色雑音

時系列 y_n からトレンド t_n を推定するためには，トレンド成分モデルと観測モデルとを組み合わせたトレンドモデルを用いる。

$$\Delta^k t_n = \nu_n \qquad (3.77)$$

$$y_n = t_n + w_n \qquad (3.78)$$

ここで，ν_n：平均 0，分散 σ^2 の正規分布に従う白色雑音，w_n：平均 0，分散 σ^2 の正規分布に従う白色雑音

式（3．77）は，そのトレンドの変化の仕方をモデル化した，トレンド成分モデルである。より複雑なモデリングとして，トレンドモデルは次の状態空間モデルで表現しうる。

$$x_n = Fx_{n-1} + G \cdot \nu_n \qquad (3.79)$$

$$y_n = Hx_n + w_n \qquad (3.80)$$

2 次元のときは

$$x_n = \begin{bmatrix} t_n \\ t_{n-1} \end{bmatrix}, \quad F = \begin{bmatrix} 2 & -1 \\ 1 & 0 \end{bmatrix},$$

$$G = \begin{bmatrix} 1 \\ 0 \end{bmatrix}, \quad H = \begin{bmatrix} 1 & 0 \end{bmatrix} \qquad (3.81)$$

北川源四郎（1993）に従えば，トレンドモデルの次数 k および分散 τ^2，σ^2 が決まると，カルマンフィルターおよび平滑化のアルゴリズムによって，状態ベクトルの平滑値 $x_{1|N},\cdots,x_{N|N}$ を求められる。このとき，状態ベクトルの第 1 成分は t_n なので，$x_{n|N}$ の第 1 成分，すなわち $Hx_{n|N}$ が，トレンドの平滑値 $t_{n|N}$ となる。**図 3．4** に，気温データに対して，次数 k，およびシステムノイズの分散 τ^2 を変えて，これらを示した。推定されたトレンドは，気温の年周期的な変化をほぼとらえて，多項式トレンドモデルによる推定式と似たものになっている。トレンドは，

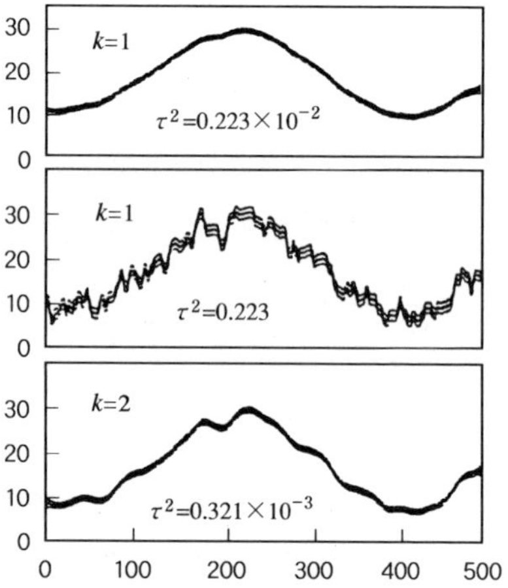

図 3．4　気温データのトレンド
（北川源四郎（1993））

データの変動に負っているといえる。

一方，$k=2$ では，$\tau^2=0.321\times10^{-3}$ とした値がよい推定値となっている。σ^2 と τ^2 は，最尤度で最適な値を求めることができる。

表3．1には，図3．4に示したモデルのAIC値をまとめた。このうち，(b)が全体の中で最もよい推定値であることを示している。

表3．1　トレンドモデルのAIC（北川源四郎（1993））

$k=1$		$k=2$	
τ^2	AIC	τ^2	AIC
(a)　0.223×10^{-2}	2690	(d)　0.321×10^{-5}	2556
(b)　0.223	2448	(e)　0.321×10^{-3}	2506
(c)　0.223×10^{2}	2528	(f)　0.0321	2562

さて，季節調整モデルでは，時系列 y_n をトレンド成分 t_n，季節成分 s_n，観測ノイズ w_n の3成分に分解する。

$$y_n=t_n+s_n+w_n \tag{3.82}$$

トレンド成分モデルとして，次式で表示する。

$$\Delta^k t_n=v_{n1} \tag{3.83}$$

季節成分モデルとしては，次の関係が得られる。

$$\left(\sum_{i=0}^{p-1} B_1\right)s_n=v_{n2} \tag{3.84}$$

ここで

$$s_n=s_{n-p} \tag{3.85}$$

および

$$(1-B^p)\,s_n=0 \tag{3.86}$$

トレンド成分モデルの次数を k，周期を p とするとき，$k+p-1$ 次元状態ベクトルを，$x_n=(t_n,\cdots,t_{n-k+1},s_n,s_{n-1},\cdots,s_{n-p+2})^t$ と定義し，

$$F=\begin{bmatrix} F_1 & 0 \\ 0 & F_2 \end{bmatrix},\quad G=\begin{bmatrix} G_1 & 0 \\ 0 & G_2 \end{bmatrix},\quad H=[H_1 \quad H_2] \tag{3.87}$$

とおくとき，季節調整モデルは，次の状態空間モデルが表し得る。

$$x_n=Fx_{n-1}+Gv_n \tag{3.88 a}$$

$$y_n=Hx_n+w_n \tag{3.88 b}$$

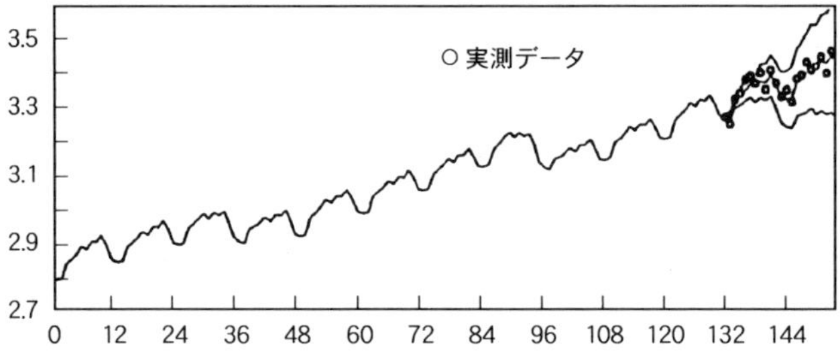

図3．5　季節調整モデルによる長期予測（北川源四郎（1993））

北川源四郎（1993）は，季節調整モデルによって，日本経済（GNP，常用雇用指数，日経ダウ平均など含む）成長の長期予測の結果を，**図3．5**に示した。トレンドも季節成分も安定しているので，良い予想値が得られた。ここに，○印は実際の時系列の値を示す。このとき1974～75年にかけて，いわゆる第１次石油ショックを境にして，各系列の変動に変化があり，1974年１月を境にして，検定を行うことが適当であるという指摘がある（山本　拓（1988））。

船体および貨物の安全を確実にすることは，大切である。予測できない海洋波を，種々の方向に伝播する不規則な波の集合と考え，船体動揺が波浪入力に対して線形に応答するものとして，船体動揺のクロススペクトルから方向波スペクトルを推定するのに，尤度関数を用いる方法がある。実船上で揺れる種数が計測されると，時系列ベクトルが k 次元 AR モデルで表すことができる。

井関俊夫（1994）は，赤池弘次（1980）に定式化されたベイズ的推論法に従って，モデルの尤度関数と仮定された事前分布との積を，最大化する未知係数

ベクトル $\delta(x)$ を，方向波スペクトル，および推定量とすればよいとしており，橋本典明（1987）はこれについて次のように述べている。

ベイズ的手法により，未知パラメータ $\delta(x)$ を決定するために，種々の u^2 に，前出の $P(y|x)$ を $f(y|\sigma^2)$ とおいて，事前分布 $P(x|u^2)$ の積を最大にする x を，ABIC が最小となる値から選ぶことになる。$\lambda=u^2$ として，ABIC は式(2．86)に従って表示した。

$$\mathrm{ABIC}=-2\log_e\int f(y|\sigma^2)\,P(x|u^2)\,dx+2k \tag{3．89}$$

ここで，x：波の出合い角，u^2：超パラメータであり，モデルの適合度と推定値の滑らかさのバランスを決める重み係数の役割を果たす。

時系列モデルの尤度は，条件付密度関数の積として

$$f(y|\sigma^2)=\prod_{n=1}^{N}g_n(y_n|y_1,\cdots,y_{n-1},\sigma^2)=\prod_{n=1}^{N}g_n(y_n|Y_{n-1},\sigma^2) \tag{3．90}$$

および

$$g_n(y_n|Y_{n-1},\sigma^2)$$
$$=\left(\frac{1}{\sqrt{2\pi}}\right)(d_{n|n-1})^{1/2}\exp\left\{-\frac{1}{2}(y_n-y_{n|n-1})\times\frac{1}{d_{n|n-1}}(y_n-y_{n|n-1})\right\} \tag{3．91}$$

ここで，観測値 Y_{n-1} のときの y_n の予測分布であり，平均 $y_{n|n-1}$，分散共分散行列 $d_{n|n-1}$ の正規分布となる。

なお，ε_n が平均値0，分散 σ^2/u^2 の正規分布に従うものと仮定すれば，事前分布 $P(x|u^2)$ は，次のように与えられる。

$$P(x|u^2)=\left(\frac{u^2}{2\pi\sigma^2}\right)^{N/2}\cdot\exp\left\{-\frac{u^2}{2\sigma^2}\sum_{n=1}^{N}{\varepsilon_n}^2\right\}=\left(\frac{u^2}{2\pi\sigma^2}\right)^{N/2}\cdot\exp\left\{-\frac{u^2}{2\sigma^2}\|Dx\|^2\right\} \tag{3．92}$$

ここで

$$D=\begin{bmatrix}1&0&0&\cdots&0&1&-2\\-2&&&&0&0&1\\1&&&&0&0&0\\\vdots&\vdots&\vdots&&\vdots&\vdots&\vdots\\0&0&0&&1&-2&1\end{bmatrix},\quad x=\begin{bmatrix}x_1\\x_2\\x_3\\\vdots\\x_N\end{bmatrix} \tag{3．93}$$

参 考 文 献

1) Afonso, P. A. F. N. A., J. M. L. Eerreira, J. A. A. M. Castro : Sensor Fault Detection and Identification in a Pilot Plant under Process Control, *Trans. IChem. E.*, **76**, (part A), 490-497 (1988)i

2) Akaike, H. : Likelihood and Bays procedure, Baysian Atatistics, (J. M. Bernardo, M. H. Groot, D. U. Lindley, A. F. M. Smith eds.), University Press, Valencia, pp.143-166 (1980)

3) 赤池弘次，北川源四郎　編：時系列解析の実際Ⅰ，朝倉書店（1994）

4) 赤池弘次，中川東一郎：ダイナミックスの統計的解析と制御，サイエンス社（1972）

5) Box, G. E. P., G. M. Jenkins : Time Series Analysis-Forecasting and Control (2 nd, ed.), Holden-Day, San-Francisco (1976)

6) Burg, J. P. : A New Analysis Technique for Time Series Data, NATO advanced Study Institute on Signal Processing with Emphasis on Underwater Acoustic, Enshede, Netherlands (1968)

7) Harrey, A. C. : Time Series Models, Phillip Allan Publishers, (1981)（国友直人，山本　拓　共訳：時系列モデル入門，東京大学出版会（1985））

8) 花熊克友，中矢一豊，竹内健史，佐々木隆志，中西英二：自己回帰モデル推定残差列の仮説検定を用いた異常信号の検出法，化学工学論文集，**23**，170-173（1997）

9) 橋本典明：ベイズ型モデルを用いた方向スペクトルの推定，港湾技術研究所報告，**26** (2)，97-125（1987）

10) 廣松　毅，浪花貞夫，経済時系列分析，朝倉書店（1990）

11) 伊藤正美　監修，臼井支朗，伊藤宏司，三田勝巳：生体信号処理の基礎，オーム社（1985）

12) 井関俊夫：船体動揺データを用いた方向波スペクトルの推定（赤池弘次，北川源四郎　編：時系列解析の実際Ⅰ，pp.127-145（1994））

13) Kalman, R. E. : A new approach to linear filtering and prediction problems, Trans. ASME, *J. Basic Eng.*, **82D**, (1), 35-45 (1960)

14) 片山　徹：応用カルマンフィルタ，朝倉書店（1983）

15) 北川源四郎：Fortran 77 時系列解析プログラミング，岩波書店（1993）

16) 佐藤　洋：情報理論，改定版，裳華房（1988）

17) Wilson, D. I., M. Agarwal, D. W. T. Rippen : Experiences implementing the extended Kalman filter on an Industrial batch reactor, *Computers & Chem. Engng.*, **22** (11), 1653-1672 (1998)

18) 山本　拓：経済の時系列分析，創文社（1988）

19) Yang, S. H., X. Z. Wang, C. McGreavy, H. Chen : Soft sensor based predictive control of Industrial Fluid Catalytic Cracking Processes, *Trans. Ichem. E.*, **76**,

(part A), 499-508 (1998)
20) 吉井貞熙：**6．** コンピュータと音声（難波精一郎　編著：音の科学，pp.107-109，朝倉書店 (1987)）

第4章　非線形振動プロセス

4．1　自励振動と強制振動

4．1．1　自励振動

予測できない時系列データは，非線形振動となることが多い。太陽系の惑星運動，地震波，失業者数の経時変化，回転軸に支えられ，振り子が振動するFroude（フロード）振り子は，それ自身は振動的でない作用によって，振動が励起される。これを**自励振動**という。バイオリンの弦を引くとき，弦と弓との間の摩擦によって，エネルギーを取り入れて発振する。水面のさざ波，レコード盤の回転によって，サファイア針に通じて音が聞こえるのもこの現象である。また，サイフオンを用いた漏刻（水時計）の原理も同様である。

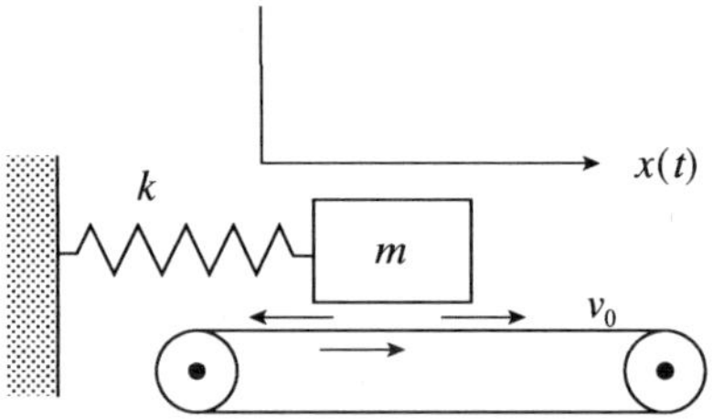

図4．1　回転ベルトの置かれた物質

自励振動の機構は，図4．1に示す回転ベルトにおかれた質量mの物体がその摩擦力（固体同士が接触している）は，相対速度 $u=v_0-\dot{x}$ の関数である。これを $f(u)$ とする。

運動方程式は次に表される。

$$m\ddot{x}+kx=f(u) \qquad (4.\ 1)$$

ここで，k：バネの定数

いま，$|\dot{x}|\ll v_0$ とし，$f(u)$ の Taylor 展開で，1次項のみとると

$$m\ddot{\zeta}+f'(v_0)\zeta+k\zeta=0 \qquad (4.\ 2)$$

ここで，$\zeta=x-f(v_0)/k$

いま，$f'(v)<0$，すなわち，抵抗の項は負であるとき，振動は次第に激しく

なる。不安定なうずまき点(または焦点)となり，**図4．2**に示す。自励振動は，吊橋に風が横にあたるときなどにも起きる。また，送電線の振動を助長させることもある。

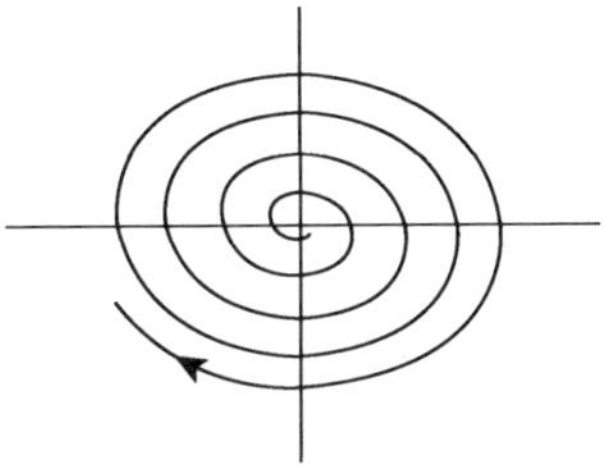

図4．2　不安定な渦まき点

戸田盛和（1968）によると，**図E4．1**における水槽Aは大きく，その水位は一定としている。また，水槽Bとの間の管は，摩擦がないとしている。このとき，この間の落差 x によって，管の長さ ℓ だけの水が流れるので，その速度 v の変化は，

$$\ell\dot{v}=gx \qquad (4.3)$$

となる。BからCへ流れる流量 Q をとし，水槽Bの断面積を S，AB間の管の断面積を a とすると，連続の式は次式となる。

$$Q=S\dot{x}+av \qquad (4.4)$$

$\dot{Q}=-(dQ/dh)\,\dot{x}$ であるから，次式を得る。

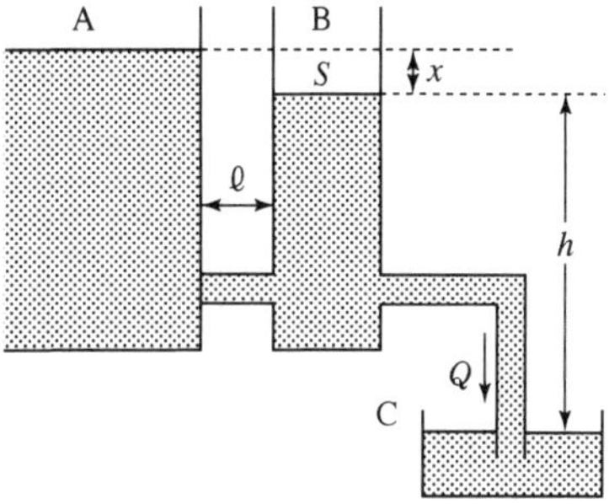

図E4．1　水槽のスケッチ
（戸田盛和（1968））

$$\dot{x}+\frac{1}{S}\frac{dQ}{dh}\dot{x}+\frac{ag}{S\ell}x=0 \qquad (4.5)$$

いま，C に水力発電の水車があって，Q，h が一定に保たれているとすると，$dQ/dh<0$ となり，これは負の抵抗となり，この水槽は自励振動を起こす。

Van der Pol は，電気振動回路から，自励振動を示す微分方程式を，次のように得ている。

$$\ddot{x}-\mu\dot{x}\left(1-\frac{x^2}{3}\right)+x=0,\quad(\mu>0) \qquad (4.6)$$

このとき，$y=\sqrt{3}$ とおくと

$$\ddot{y}-\mu\dot{y}\,(1-y^2)+y=0,\quad(\mu>0) \qquad (4.8)$$

$-\mu\dot{y}(1-y^2)$ は $\dot{y}$ が小さいと，いわゆる負の抵抗を与え，自励振動が起こる。

いま，$\nu=\dot{y}$ とおき，位相平面 (y,ν) における軌道は，次式のように表される。

$$\frac{d\nu}{dy}=\mu(1-y^2)-\frac{y}{\nu}, \quad \nu={dy}/{dt} \tag{4. 9}$$

なお，Van der Pol モデルの変形として，非線形景気循環モデル（Goodwin (1990)）があり，次のように表される。

$$r\nu\ddot{K}+\{r(1-d)+\varepsilon-\nu\}\dot{K}+(1-\alpha)K=0 \tag{4. 10}$$

ここで，K：資本，ν：資本産出能力，$r,\ d,\ \nu,\ \alpha$：パラメータ

式（4．9）に戻って，$\mu=0.1,1,10$ の場合について，**図4．3 a)，b)，c)** に示した。$\mu=0.1$ のとき，はじめの運動が微小のとき，位相平面における運動は次第に減少し，同じ閉曲線に近づく。また，t(時間) $\to\infty$ で，漸近する運動は閉曲線，またはリミットサイクル（極限軌道）に近づく。μ が小さい場合には，リミットサイクルは円に近い。周期的な運動では，摩擦力 $\mu(1-y^2)\dot{y}$ のする仕事の平均は，0 でなければならない。

$$\int_{周期}(1-y^2)\dot{y}\,dt=0, \quad dy=\dot{y}\,dt \tag{4. 11}$$

図4．4 に自己励起振動の形成を示した。振動の時間に対する波形は，特徴的なものであり，最初ほとんど動かない時間があり，ほとんど動かない状態では，摩擦力は運動をとめる方向に働き，ゆっくりとした運動で，振動の幅が小さくなる。ある程度まで続くと，摩擦の向きが変わり負抵抗となり，エネルギーが急激に放出される。これが繰り返される。これを，**弛緩運動**（Relaxation oscillation）という。周期Tは，次式で求められる。

$$T=\frac{2\pi}{s(\nu)}, \quad \nu：パラメータ \tag{4. 12}$$

ここで

$$s(\nu)=\frac{1}{1+\nu}+\frac{\nu}{(1+\nu)^2}+$$

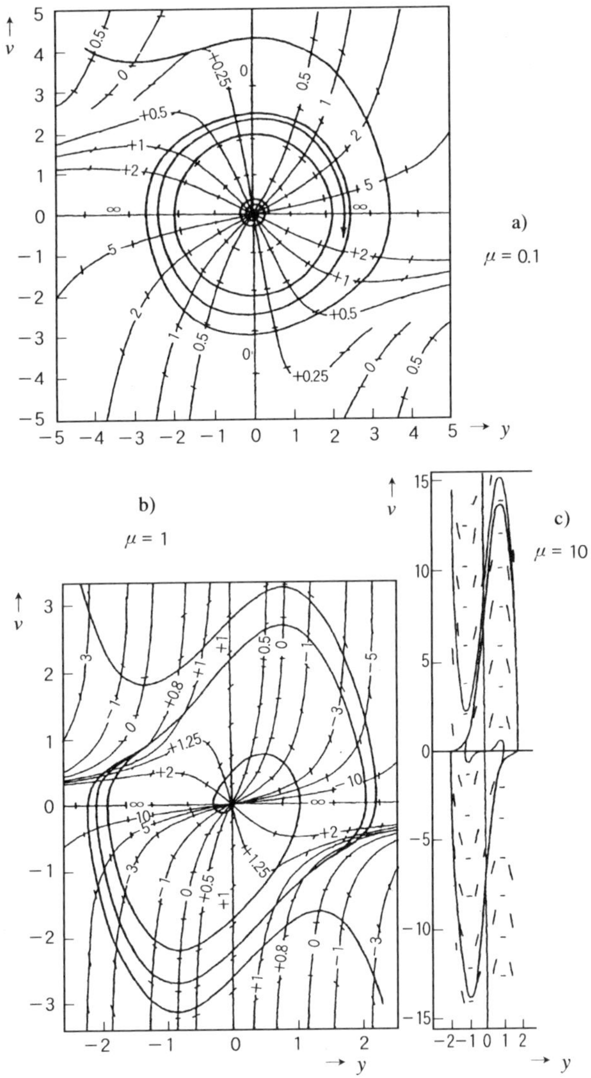

図4．3　$\frac{dv}{dy}=\mu(1-y^2)-\frac{y}{\nu}$，$\nu=\frac{dy}{dt}$ のプロット（μ：定数）

$$\frac{15\nu^2}{16(1+\nu)^2}+\frac{13\nu^3}{16(1+\nu)^4}+\cdots \quad (4.13)$$

ν が大きくなると，$\lim_{\nu\to\infty}(2\pi\nu/T)=3.89\cdots$ となる。

また，現象の初期など線形化し得るとき，線型要素の出力 y が入力 x に対して，入力と同じ信号が戻ってくるとき，周期振動（リミットサイクル）が持続する。伝達関数 $G(s)$ $(s=j\omega$ とおく）は，一般に高周波成分を減衰させる特性（低域三波特性）をもち，基本周波数成分以外の高周波成分は，かなり減衰されるとする。

線形要素 $N(A)$ (A：振幅)が,周波数 ω の基本波成分をもつとき，自励振動が発生する条件は，次式で表示される。

$$G(j\omega)\cdot N(A)=-1 \quad (4.14)$$

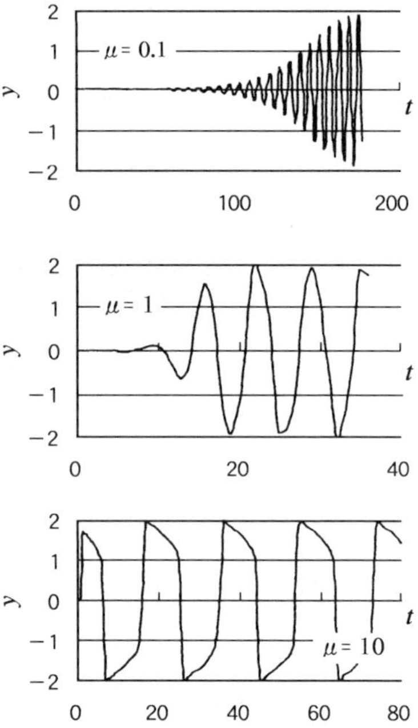

図4．4　$\frac{d^2y}{dt}-\mu(1-y^2)\frac{dy}{dt}+y=0$ のプロット（自己励起振動）
境界条件；$t=0$, $y=0$, $dy/dt=0.01$

これより，複素平面に $G(j\omega)$ の軌跡，$-1/N(A)$ の軌道を描き，この交点より，自励振動の存在を見ることができる。

Van der Polの方程式から，次のLiénard（リエナール）の方程式が得られる。

$$\ddot{x}+f(x)\dot{x}+x=0 \quad (4.15)$$

また，Duffing（デュフィング）の方程式：

$$\ddot{x}+\alpha x+\beta x^3=0 \quad (4.16)$$

は，$\alpha,\beta>0$ のときハード（Hard）スプリング問題，$\alpha>0,\beta<0$ のときにはソフト（Soft）スプリング問題，$\alpha<0,\beta>0$ のとき二井戸ポテンシャル問題と

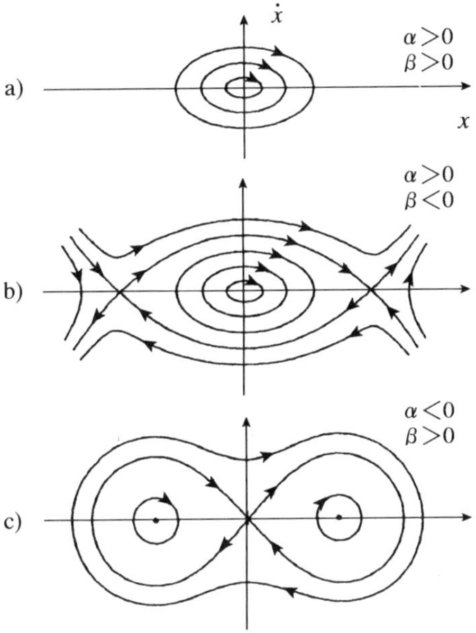

図4．5　Duffing 方程式による振動子の位相平面軌道

なる。これらを，図4．5に示した。

4．1．2　強制振動

運動方程式は，次の形を用いる。

$$\frac{d^2x}{dt^2} = \ddot{x} = f(x, \dot{x}) \tag{4.17}$$

このとき，t を含まないので自律(Auto-monous)系といわれる。抵抗がないとき保存系，時間的に変わる外力や抵抗があるとき非保存系という。また，運動方程式に時間が含まれるとき，すなわち

$$\frac{d^2x}{dt^2} = \ddot{x} = f(t, x, \dot{x}) \tag{4.18}$$

のとき非自律（Non-automonous）系という。

また，何らエネルギー散逸機構がない力学系，電磁系の力や電圧などは，ポテンシャルエネルギー関数から導かれ，保存系またはHamilton力学系といわれる。各々の初期条件は，唯一の軌道を形成する。この力学系には，アトラクター（Attractor）は存在しない。

外力の加わった場合，非自律系の**強制振動**について，線形の場合には，周波数分割方式に見られるAM（振幅変調，Amplitude Modulation），FM（周波数変調，Frequency Modulation）などが利用されている。非線形の体系の強制振動として，ばねによる振動に外力が作用するDuffingの方程式：

$$\frac{d^2x}{dt^2}+2\gamma\frac{dx}{dt}+ax+bx^3=f_0\cos(\omega t+\varphi)\ (\gamma,\ a>0) \tag{4.19}$$

がある。$b\ll 1$ のとき，近似的に解が得られる。

$$x=A_1\cos\omega t+A_3\cos 3\omega t \tag{4.20}$$

$A_3\ll A_1$ として，次の関係を得る。

$$\left(a-\omega^2+\frac{3}{4}bA_1{}^2\right)A_1=f_0\cos\varphi,\quad 2\omega\gamma A_1=f_0\sin\varphi \tag{4.21}$$

戸田盛和（1968）に従えば，これらの2乗を作って加えて，次式を得る。

$$\left\{\left(a-\omega^2+\frac{3}{4}bA_1{}^2\right)^2+4\omega^2\gamma^2\right\}A_1{}^2=f_0{}^2 \tag{4.22}$$

図4．6に，$|A_1|$ と $\omega(\gamma=f_0=0)$ の曲線を示す。f_0 を一定に保って，ω を変えたとき，$|A_1|$ は一般に3個の解をもち，P, Q, R の分岐として表現し，$b>0$ の場合，$b<0$ の場合と分けて，$|A_1|$ 対 ω の関係を**図4．7**に示した。$b>0$ のとき，ω を上げてゆくと，P 分岐によって振幅が増大するが，ω_0 まで達すると P_c から Q_c に移り，以後は Q 分岐に沿って，ω の増加とともに振幅が小さくなる。ω_0 と ω_c の間では，ヒステリシス（Hysteresis）がある。$b<0$ の場合にもこれと似た現象となる。

［例題4．1］ 外力がシステムの自由振動を引き込み現象は，同調現象といわれる。これについて，Van der Polの方程式に外力を加えた式：

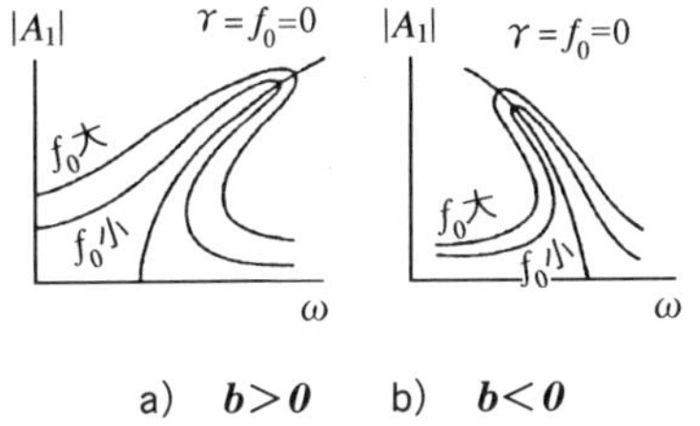

図4．6

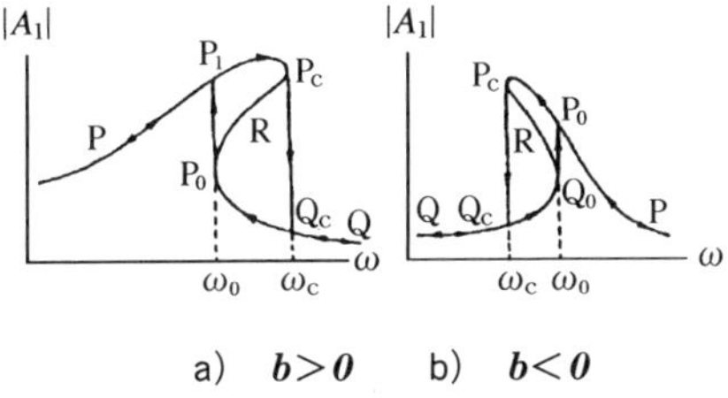

図4．7

$$\frac{d^2x}{dt^2}-(\alpha-3\gamma x^2)\frac{dx}{dt}+\omega_0{}^2x=\omega^2\beta\sin\omega t \quad \text{（E 4 — 1）}$$

について，自由振動と強制振動が共存すると仮定し，解として

$$x=a\sin(\omega_0t+\delta_0)+b\sin(\omega t+\delta) \quad \text{（E 4 — 2）}$$

が得られる。このとき，自由振動（ω_0：固有の角周波数）が，抑制されることを示せ。ここで，$\alpha, \beta, \gamma, a, b, \delta$：定数

［解］ ω_0, ω の振動の項を式（E 4 — 1）から求め，三角波関数の項から

$$a\left(1-\frac{a^2+2b^2}{a_0{}^2}\right)=0$$

$$b^2\left\{Z^2+\alpha^2\left(1-\frac{b^2+2a^2}{a_0{}^2}\right)^2\right\}=\omega^2\beta^2 \quad \text{（E 4 — 3）}$$

ただし

$$a_0{}^2=\alpha/\frac{3}{4}\gamma,\quad Z=(\omega_0{}^2-\omega^2)/\omega \quad \text{（E 4 — 4）}$$

式（E 4 — 3）の解の 1 つから，$a=0$ となる。これは，自由振動が抑制されることを示している。また，もう 1 つの解 $1=(a^2+2b^2)/a_0{}^2$ は，自由振動 $a^2=a_0{}^2-2b^2$ を与える。しかし，$b^2\geq a_0{}^2/2$ となると，自由振動が抑えられる。したがって同調現象が生じる。また，α が小さいか，β が大きいと，$Z\to 0$, $\omega\to\omega_0$ となる途中で，自由振動が抑制されることになる。

上田皖亮（1993）は，電気回路において，外部から正弦波関数の振動を加えると，2 つの非線形振動子が相互作用し，同調してしまう**引き込み現象**を認めている。

外部の角周波数 ω が ω_0 に近づくと，急に ω_0 の振動が消滅して，外力と同じ周波数だけが残り，ω が ω_0 を引き込む現象を**同調現象**(Synchronization)という。

片足で直立していると，身体が細かくゆれるのは，筋肉が制御を行うために，振動が生じる。経済の景気変動現象，微生物が増加と減少の振動現象を示すのも，自励振動の一種で，外力の作用を伴う。生体系では，味物質は味細胞の生体膜で受容されて，膜電位を変え，シナプスを介して，電位の自励発信を促す。通常 Lag（誘導期間）を伴う，いわゆるシグモイド型となる。固体化学反応の転化率 対 時間の関係にも見られる。

4．2　位相ロッキング

周期的に駆動された動力学挙動のパターンを探るとき出現する現象は，位相ロッキング（Phase-locking）という。また，別称として，モードロッキング（Mode-locking)ともいう。自然周期リミットサイクル，または周波数 ω_0 を用いて，周波数 ω の外部周期力によって乱されることがある。たとえば，ニワトリの心臓の振動が，外部の電気パルスと同調する。周期刺激がある時間続くと，電極でのN回の刺激パルスが，M回の作動ポテンシャル（自励振動する）との間にフェイス・ロッキングして，一定比を保つ現象を呈する。すなわち，変化が十分大きいと，振動は M：N 比でロックされる。

Rayleigh－Benard 対流における振幅－周波数比 (ω/ω_0) の関係を，図4．8に示した。また，触媒反応における固体触媒表面の吸着を考え，自励振動と強制振動の

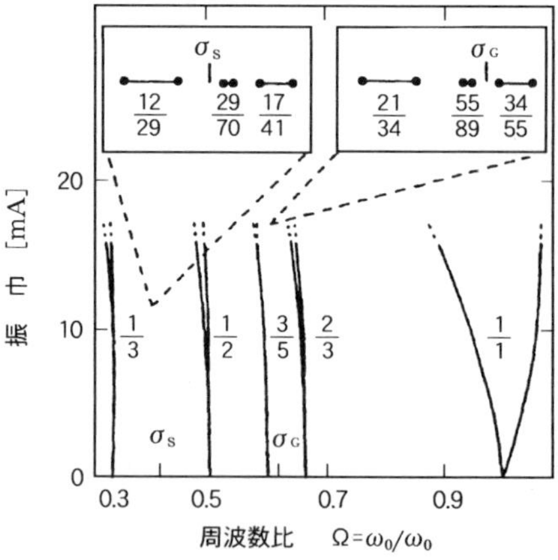

図4．8　水銀における熱対流での振巾比—周波数平面での Arnold 舌（Rayleigh－Bénard運動）
σ_G：金平均，σ_S：銀平均
（J. A. Glazier, A. Libchaber (1988)）

比：$m=\omega/\omega_0$ に対して，振動比 A/A_0 をプロットし，m が大きくなると，A/A_0 が大きくなり，分数調波の共進領域を認められる。これを図4．9に示した。また，都甲潔（1994）は，味の識別で周期的電気頼激を加えて，外部周波数：自励発信周波数の比 $m:n$ の引き込みがあり，また，引き込み領域の境界付近では，準周期状態を観測している。これは，**アーノルド**（Arnold）**の舌**といわれる現象であり，この比は少数比となり，フェイリー（Farey）数列となり，p/q で，$p=1,2,3,4$，$q=1,2,3,4,5$ で，1以下の数列となる。

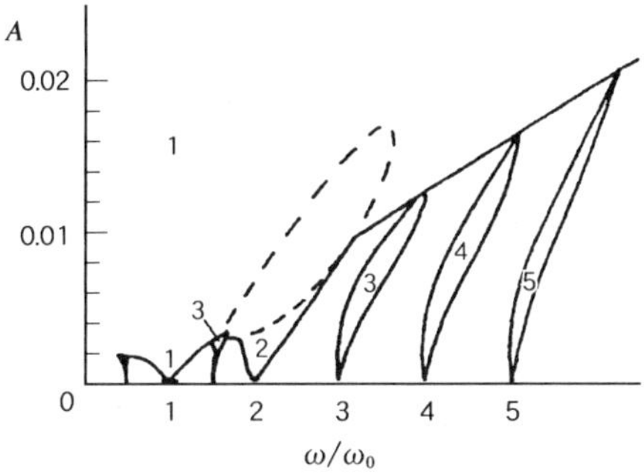

図4．9　強制周波数と自然周波数の整数比に対する振巾
（M. A. Mckarnin *et al.*（1988））

4．3　空間移動波と不安定性

パターン形成の拡散―反応理論は，最初A. M. Türing（1952）（東稔節治（1997））に発見されたものである。Belousov-Zhabotinski (BZ) 反応を，深さ数 mm の直径 5cm のペトリ皿で起こさせると，初期的な均一な化学混合物から線状の波が空間的に形成され，リズム化して，変動する。また，等量の $Ce(SO_4)_3$，$KBrO_3$，$CH(COOH)_2$，H_2SO_4 に，少量の酸化還元指示薬を加えてよく混ぜ，試験管にとり，ある時間置くと，青色と赤色が交互に現れる層を形成する。赤色は Ce^{+3}，青色は Ce^{+4} に対応し，Ce イオンの酸化・還元作用が，BZ反応において起こる。

ブリュセレータ（Brusselator）によって，BZ反応を表すと，次のように表される。

$$A \xrightarrow{k_1} X, \quad B+X \xrightarrow{k_2} Y+D, \quad 2X+Y \xrightarrow{k_3} 3X$$
$$X \xrightarrow{k_4} E \qquad (4.23)$$

いま，化学物質X，Yは拡散するとして，その拡散係数を D_1, D_2 とすると，次式を得る。

$$\frac{\partial x}{\partial t}=a-(b+1)x+x^2y+D_1\frac{\partial^2 x}{\partial r^2} \quad (4.24)$$

$$\frac{\partial y}{\partial t}=Bz-x^2y+D_2\frac{\partial^2 y}{\partial r^2} \quad (4.25)$$

このとき，簡単にするために，数値として $k_1=k_2=k_3=k_4=1.0$ とおいた。なお，a, b, x, y は，A, B, X, Y の濃度である。

いま，線形化するために，AとBは多量に存在して，X^2 を一定として，解を求めると

$$x(r, t)=x_0e^{\omega t}\sin k\pi r \quad (4.26\,a)$$

$$y(r, t)=y_0e^{\omega t}\sin k\pi r \quad (4.26\,b)$$

の線形結合で表され，時間周期の固有値問題の解が得られる。空間波数が偶数のとき，安定，かつ超臨界的な散逸構造を生じる安定対象な静的分岐が起こり，一方 k が奇数のとき，横断的な散逸構造を生じる非対称な静的な分岐が起こる。図4．10の線上にて，１次熱力学的枝によって，空間的にも，時間的にも振動

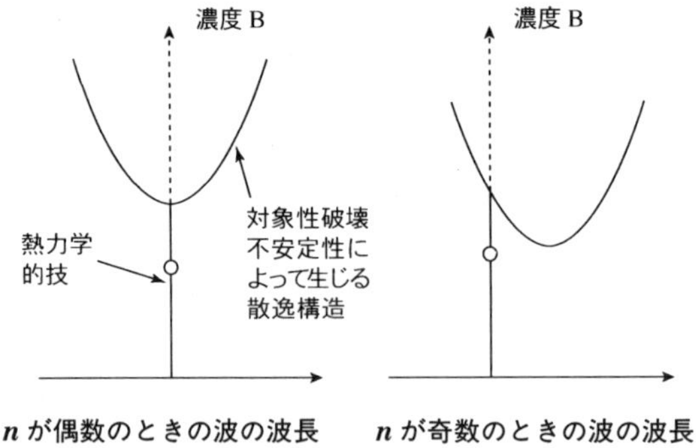

図4．10　線状に分布するブラッセレータにおける，空間的秩序の自発的発生，定常状態解を伴う分岐は，熱力学的１次解が安定性を失ったときに安定な散逸構造が生じることを意味している。(J. M. P. Thomson (1982))

が自発的に発生する。

J. R. A. Pearson(1958)は，Sh数の種々の値に対して，波数kとMarangoni (Ma) 数との関係を求め，安定条件として次式を得ている。

$$Ma=\frac{8k(k\cosh k+\mathrm{Sh}\cdot\sin k)(k-\sinh k\cdot\cosh k)}{k^3\cosh k-\sinh^3 k} \qquad (4.27)$$

ここで

$$Ma=\frac{(-\partial\sigma/\partial\tilde{C})\,\delta\cdot\mathrm{Sh}(\tilde{C}_e-\tilde{C}_0)}{\mu D(1+\mathrm{Sh})},\quad \mathrm{Sh}=\frac{k_m\delta}{D} \qquad (4.28)$$

および，δ：境膜厚さ，D：分子拡散係数，μ：粘度，σ：界面張力，$\tilde{C}$：濃度，k_m：物質移動係数

H. Swawistowski (1971) は，界面現象について，界面境膜の効果と形成，物質または熱移動に誘導される界面の流動挙動を説明している。このとき，L. E. Sterling，C. V. Scriven (1959) の線形モデルについて，界面張力に推動される不安定性 (Marangoni 不安定性) に言及している。この理論の限界について批判し，これは非常に小さい乱れが扱われており，溶媒の互いに混ざり合わないことと，界面の熱放出がなく，濃度に物体が依存しないなど，その適用範囲が簡単すぎるとしている。R. W. Zeren，W. C. Reynolds (1972) は，2つの流体水平層の熱不安定性について，Bénardの密度差による浮力効果と，界面張力勾配の効果 (Marangoni 駆動機構) を含めて解析し，ベンゼン－水系にて，固体底に置き，上部と底部から加熱して，実験的に不安定性を検討している。このとき，深さ2mm層の臨界Marangoni数を求めて，振動波数とプロットし，境膜の安定性，不安定性を調べている。下部から加熱するとき，臨界Marangoni数を低下させ，浮力に駆動されたモードを加えることを認めている。東稔節治 (1997) は，液界面において，M. G. Velarde (1984) のエネルギー安定理論を入れて，熱，物質Marangoni数が，界面不安定性をもつ2成分zero動Bénard対流解析を説明している。H. Muller-Krumbhaar (1984) は，溶液の過冷却から析出する樹枝状結晶の成長速度に対して，液界面の振動波を解析し，波数と不安定性の関係を調べている。

R. Jackson (1971) は，均一流動層状態の安定性について扱い，外乱による

速度，空間率，圧力変動について，収支関係より線形化して，平面波解を求め，たとえば

$$\varepsilon_1 = \hat{\varepsilon}_1 \exp(st)\exp(ikx), \quad s：パラメータ，k：波数 \qquad (4.29)$$

を得ている。このとき，$\hat{\varepsilon}_1$ は揺動波の複素振幅である。

s について，2次の特性方程式を得て，気系流動層と液系流動層の安定性について，密度比が気系流動層が液系流動層のそれより高く，気系流動層の乱れが液系流動層のそれよりも速く伝わり，不安定であると述べている。東稔節治（1997）は，P. U. Foscolo, L. G. Gibilaro（1984）による塑性波の進行速度と空隙率（または空間率）伝播速度を考え，凝集状（Aggregate）と粒子状（Particulate）におけるそれぞれの流動化状態を判別し，気系流動層にあたるAggregate 流動層は，Particulate 流動層より不安定となると説明している。

G. Nicolis, I. Prigogine（1977）は，アロステリック酵素モデルにおける時間的空間的秩序パターンについて扱い，酵素は空間的に一様に分布し，基質，生成物は，1次元的に拡散するとして，定常的な空間散逸構造を作る熱力学的分岐の不安定化を考察し，拡散の支配する領域と振動が支配的となる領域があり，拡散の影響が強いときには，系は熱力学的分岐上にあり，弱いときには化学反応が支配的となって，持続振動が生じることを認めている。また，この両者の中間状態において，濃度波の形成が得られるとしている。

R. A. Schmitz ら（1984）は，開放系における不均一触媒反応の複雑自己形成振動，空間不安定性を，Pt フォイル，$PtSiO_2$ ウエハーでのサーモグラフを実測し，水素の酸化反応などにおける温度振動のピークを求め，触媒クラスターの発達を考え，対称破れの不安定性などを検討し，Türing の初期の研究との類似性を説明している。M. Sheintuch, S. Shvartsman（1994）は，固定層触媒反応器における対流-拡散-反応の相互作用に基づく伝播波の生成を述べている。

いま，化学反応が，空間に波となって，伝播波を形成するのかを検討する。P. Gray, S. K. Scott（1990）は，$A+2B \xrightarrow{k_1} 3B$（速度$=k_1ab^2$）について，3次触媒反応の移動波の基礎式に次式を適用した。

$$\frac{\partial q}{\partial t}=D_A\frac{\partial^2 q}{\partial r_2}-k_1ab^2 \qquad (4.30)$$

$$\frac{\partial b}{\partial t}=D_B\frac{\partial^2 b}{\partial r^2}+k_1ab^2 \qquad (4.31)$$

ここで，a, b：成分A,Bの濃度，D_A, D_B：成分A, Bの拡散係数，r：距離

境界条件として，次式で設定される。

$r=-\infty$ にて，$a=0,\quad b=a_0$

$r=+\infty$ にて，$a=a_0,\quad b=0$ (4.32)

いま，$D_A=B_B=D$ とおいて，r と t のすべてにおいて，$a+b=a_0$ として，$\beta=a/a_0, \tau=k_1a_0^2t,\quad x=(k_1a_0^2/D)^{1/2}r$ とおくと，次のように書ける。

$$\frac{\partial\beta}{\partial\tau}=\frac{\partial^2\beta}{\partial x_2}+\beta^2(1-\beta) \qquad (4.33)$$

ここに

$x=-\infty$ にて，$\beta=1$

$x=+\infty$ にて，$\beta=0$ (4.34)

いま

$$z=x-c\tau\text{，}c\text{：定数} \qquad (4.35)$$

と表すと，次式が導ける。

$$\frac{d\beta}{dz}=-k_1\beta(1-\beta) \qquad (4.36)$$

これより，次の関係が得られる。

$$k_1^2(1-2\beta)-ck_1+\beta=0 \qquad (4.37)$$

$k_1=c=dx/dt=1/\sqrt{2}$ として，次の関係を得ている。

$$\frac{dr}{dt}=\frac{1}{\sqrt{2}}(Dk_1a_0^2)^{1/2} \qquad (4.38)$$

吉川研一（1992）に従うと，R. J. Field, M. Burger（1985）は，BZ反応の空間伝播波の速度解析について，オレゴネータ（Oregonator）の反応モデルを採用している。すなわち，変数Xが[$HBrO_2$]として，A，W，Zをそれぞれ[BrO_3^-]，[HOBr]，[Ce^{4+}]として，次の機構に従うとしている。

$$2X \xrightarrow{k_4} A + W + H$$
$$A + X + H \xrightarrow{k_5} 2X + 2Z \qquad (4.39)$$

時間 $\tau=(k_5HA)^{-1}t$, $X=(k_5HA/2k_4)u$, $s=(D/k_5HA)^{1/2}x$ とおいて，速度式を，次のように表示した。

$$\frac{\partial u}{\partial t}=\frac{\partial^2 u}{\partial x^2}+u(1-u) \qquad (4.40)$$

このとき，波の進行速度 c は

$$c=2 \qquad (4.41)$$

の安定な伝播波とみなせる。これより

$$速度=2\sqrt{k_5HAD} \qquad (4.42)$$

$D=2\times10^{-5}\mathrm{cm^2\cdot}s^{-1}$,　$k_5=20\mathrm{M^{-2}\cdot}s^{-1}$ とすると

$$速度\ (\mathrm{cm/s})=0.04\,[\,H^+\,]^{1/2}\,[\,BrO_3^-\,]^{1/2} \qquad (4.43)$$

このことは，実験的にも認められている。

同心円上のパターンのバンドの進行速度 ν の温度依存性について，酸化還元反応の時間的リズムの周期の逆数，振動反応の振動数 F_{osc} のアレニウス（Arrhenius）プロットから，E=46kJ/mol と求まった。これを，図4．11に示した。結果として，反応速度 ν は

$$\nu=2(Dk_5\,[\,H^+\,]\cdot[\,BrO_3^-\,])^{1/2} \qquad (4.44)$$

および

$$k_5=k_{50}e^{-E/RT} \qquad (4.45)$$

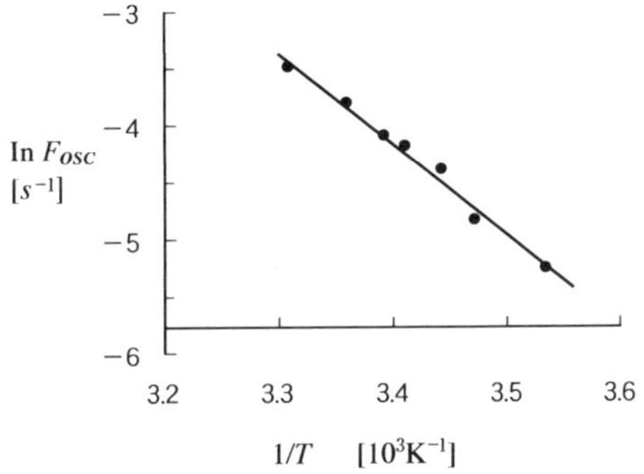

図4．11　空間的振動反応でのリズムのアレニウスプロット
(R. J. Field, M. Burger (1985))
$[H_2SO_4]=0.4M$, $[NaBrO_3]=0.35M$, $[KBr]=0.06M$,
$[マロン酸]_0=0.12M$, $[Ce^{3+}]=2mM$, 25°C, $20dm^3$

4．4　特異振動現象

神経繊維に伝わる電気的な波は，非線形振動の例であり，刺激によって，静的なエネルギーが放出されるとき，興奮を起こす。この興奮は，これに隣接する部分を刺激し，これが神経繊維に伝わる。いま，場所 x における変位を $u(x, t)$ とし，傾斜 $\partial u/\partial x$ が大きいところは速く伝わり，対流項に当たる $u\partial u/\partial x$ の非線形項が入る。これは，圧力勾配のある完全流体（粘度 0）の収支式：

$$\frac{\partial u}{\partial t}+u\frac{\partial u}{\partial x}=-\frac{\partial P}{\rho\partial x} \tag{4.46}$$

などの左辺第2項にも表される。このことは，速度 u は u_1 から u_2 へ不連続に変化する形となり，すなわち，衝撃波ができ，波の前面は切り立って，移動する形で進行する。すなわち，$u\partial u/\partial x$ の非線形項が入る。このような特性によって，軸索の上に神経パルスが列を形成する。これは，あたかも自動車のパルス列が，高速道路で見せる密度波の衝撃波と似ており，小杉幸夫（1993）のいう**バーガス（Bugers）方程式**となる。これに従うと，次式で表示される。

$$\frac{\partial u}{\partial t}+u\frac{\partial u}{\partial x}=D\frac{\partial^2 u}{\partial x^2} \qquad (4.47)$$

これは，**ナビエ・ストークス**（Navier-Stokes）方程式である。いま，圧力変化を無視した関係において，動粘度の代わりに，拡散係数Dを用いた式を用いると，神経系でいうと，パルス密度nが，速度uと置き換えた形となっている。吉川研一（1992）によると，進行波の定常解が次のように与える。

$$u(x,t)=u_0-\frac{u_d}{2}\tanh\frac{u_d}{4D}(x-u_{av}t) \qquad (4.48)$$

ここで，$u_d=u_1-u_2$, $u_{av}=(1/2)(u_1+u_2)$, $u_i(i=1,2)$ は，速度uの前面u_1，後面u_2の衝撃波の速度で，**図4．12**に示した。

孤立波（Solitary wave），または**ソリトン**（Soliton）は，山が1つだけの波で，波高と波の速度が互いに独立となっている。具体例として，光ソリトン，プラズマ中のソリトン，垂直管内の液膜流内のソリトン，表面化学反応のソリトン，電荷密度波伝導体のソリトン，ジョセフソン素子のアレイ（Arrey）上のソリトンなどがあげられる。

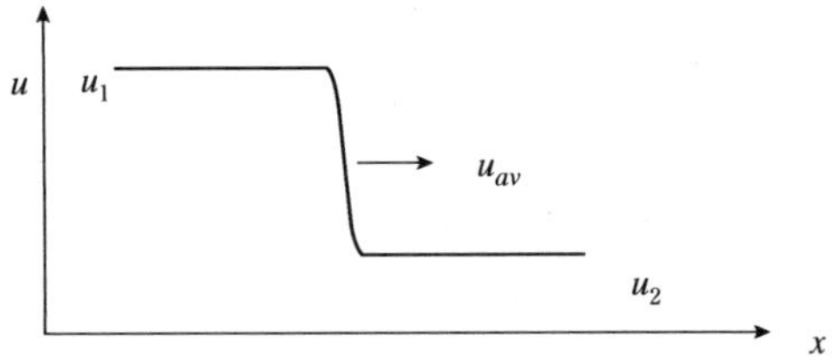

図4．12　衝撃波の形で速度 u_{av} で進行する現象

水深の浅い河川を，水深より比較的波長の大きい波が進行するとき，Korteweg-de Vries（コルデヴェク-ドフリーズ）の方程式，すなわち

$$\frac{\partial u}{\partial t}+u\frac{\partial u}{\partial x}+\mu\frac{\partial^3 u}{\partial x^3}=0 \qquad (4.49)$$

の運動方程式を得ている。これは，孤立波の基本式であり，単一で安定に伝わり，衝突に際しても壊れず，安定である。解式として，次の定常解を得る。

$$u(x,t)=t\cdot\mathrm{sech}^2\sqrt{\frac{U}{12\mu}}\cdot\left(x-\frac{U}{3}t\right) \qquad (4.50)$$

［例題４．２］ 座標距離 x が $x=\pm\infty$ にて，一様状態の値を u_0 とすると，定常進行波として，式（４．50）の解は次式となる。

$$u=u_0+U\cdot\mathrm{sech}^2[(U/12\mu)^{1/2}\{x+(u_0+\frac{U}{3})t\}] \qquad (\text{E}\,4.\,5)$$

これについて導け。ここで，u_0：初期速度（川原琢治（1993））

［解］ 式（４．50）の定常進行波の基礎式は，$\partial u/\partial t=0$ として，次式となる。

$$\mu\frac{d^3u}{d\zeta^3}+u\frac{du}{d\zeta}-\lambda\frac{du}{d\zeta}=0 \qquad (\text{E}\,4.\,6)$$

ここで，$\zeta=x-\lambda t$, λ：パラメータ

式（Ｅ４．６）を積分すると

$$\mu\frac{d^2u}{d\zeta^2}+\frac{1}{2}u^2-\lambda u=a_0 \qquad (\text{E}\,4.\,7)$$

式（Ｅ４．７）に，$du/d\zeta$ をかけて積分すると，次式を得る。

$$\frac{1}{2}\mu\left(\frac{du}{d\zeta}\right)^2+\frac{1}{6}u^3-\frac{1}{2}\lambda u^2=a_0u+b_0 \qquad (\text{E}\,4.\,8)$$

これを整理すると

$$3\mu\left(\frac{du}{d\zeta}\right)^2=-(u-\alpha_1)(u-\alpha_2)(u-\alpha_3),\ (\alpha_1\leq\alpha_2\leq\alpha_3) \qquad (\text{E}\,4.\,9)$$

ここで，$\lambda=(\alpha_1+\alpha_2+\alpha_3)/3$, $a_0=-(\alpha_1\alpha_2+\alpha_2\alpha_3+\alpha_3\alpha_1)/6$, $b_0=\alpha_1\alpha_2\alpha_3/6$, α_1, α_2, α_3：定数

式（Ｅ４．９）から，

$$\frac{du}{(u-\alpha_1)(\alpha_3-u)^{1/3}}=\frac{d\zeta}{(3\mu)^{1/2}} \qquad (\text{E}\,4.\,10)$$

積分して，次の関係を得る。

$$u=\alpha_1+(\alpha_3-\alpha_1)\cdot\mathrm{sech}^2[\{(\alpha_3-\alpha_1)/12\mu\}^{1/2}\{x-\frac{1}{3}(2\alpha_1+\alpha_3)t\}] \qquad (\text{E}\,4.\,11)$$

いま，上式にて，$\alpha_1=u_0$, $\alpha_3-\alpha_1=U$ とおくと，式（Ｅ４．５）と一致する。

ソリトンは，上式で分かるように，波高が高いものほど，進行速度が大きい。

ソリトンは，２つの波行が重なって衝突した後，それぞれの波形や速度を変えずに伝播する。互いに通過後は，元の形に戻って移動し，安定でくずれない。**図４．13** にソリトンの形にかかわらず，$U/3$（U：波の速度）で，進行する様子を示した。また，**図４．14**にソリトンの波高に対して，波高分布を示した。ソリトンの特性として，ソリトン間の間隔分布，波数スペクトルなどが考えられる。

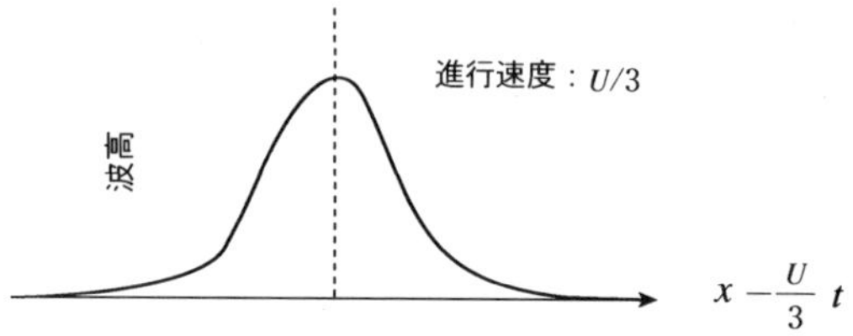

図４．13　ソリトンの進行速度（移動に伴い，山の形は変化する）（x：位置，t：時間）

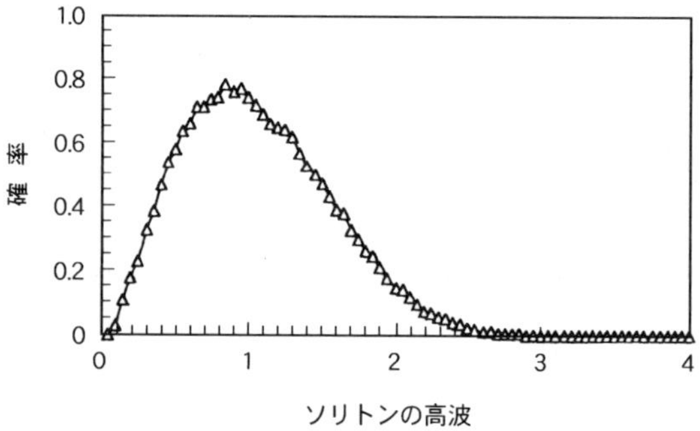

図４．14　ソリトンの波高分布関数

４．５　神経回路網の伝達機構と振動

R. F. Schmidt (1989) にも述べられているが，活動電位ポテンシャルは，ほぼ 1ms であり，これは**図４．15**に示すように，Naイオンが膜の外から内側へ流れ込むことで生起する。いま，静止電位（ニューロン膜の内側は，外側に対し

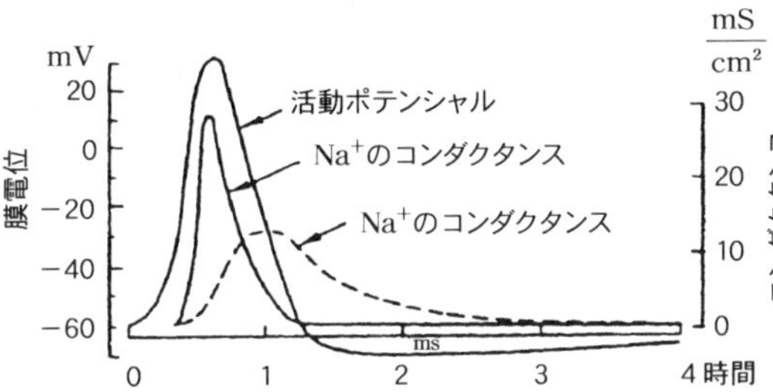

図 4．15　ニューロン活動電位と膜コンダクタンスの変化
(R. F. Schmidt (1989))

て，約 −60mV となっている）にあるニューロン膜が興奮すると，約40mV の活動ポテンシャルまで上昇し，Na^+に対する透過性が増大し，続いてKイオン透過性が増大して，静止電位へ戻る。この間，1～2 時間経過する。

神経膜の興奮モデルとして，ホジキン-ハクスレー（A. L. Hodgkin，A. F. Huxley (1952)）のモデルが使われる。**図 4．16**に示されるように，膜を透過するイオンのコンダクタンスなど，関数として表現されている。これらの等価回路で，膜の興奮が表現されている。H-H 方程式を，定常伝播に適用すると，活動電位の伝播速度が，約直径の 2 乗根に比例していることが分かる。

I：膜を通過する電流
a：線維半径
R_2：軸索内比抵抗
C_M：膜間容量
dV/dt：静止電位からの電位変化
g_K：カリウムに対する膜のコンダクタンス
V_K：カリウムの平衡電位
m：内側の活性粒子の割合
h：外側の活性粒子の割合

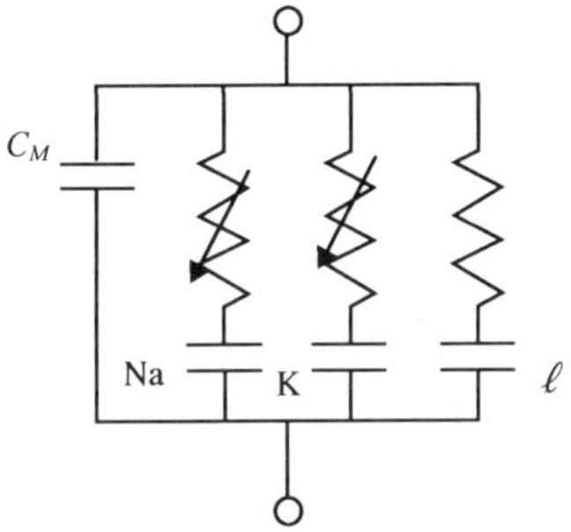

等価回路

図 4．16　Hodgkin-Huxley (1952) による神経膜の興奮を表すモデル

$$I=\frac{a}{2R_2}\cdot\frac{\partial^2 V}{\partial x^2}=C_M\frac{dV}{dt}+g_K n^4(V-V_K)+g_{Na}m^3 h(V-V_{Na})+g_\ell(V-V_\ell)$$

(H-H　方程式)

ここで吉川研一（1992）に従うと，R. FitzHugh-南雲仁一（1966）による神経インパルスの伝達モデルは，次のように記述される。

$$\tau\frac{\partial u}{\partial t}=\varepsilon^2\frac{\partial^2 u}{\partial x^2}+u(u-\alpha)(1-u)-\nu \tag{4. 51}$$

$$\frac{\partial \nu}{\partial t}=u-\gamma\nu \tag{4. 52}$$

ここで，u：膜電位とNaチャンネルの状態に関係した変数，ν：NaとKチャンネルの両方の状態に関連した変数，$\tau \ll 1, 0<\alpha<0.5$ であり，$\tau,\varepsilon,\alpha,\gamma$ は定数。

式（4．51）～（4．52）は，神経における興奮の伝達を模擬したもので，式（4．51），式（4．52）を $\nabla^2\equiv\partial^2/\partial x^2+\partial^2/\partial y^2$ として，2次元にして扱うと，BZ反応，触媒フォイルの2次元パターン空間の広がりを見ることができる。図4．17には，ペースメーカーにおける中心から，刺激が振動して周期的波が発生して，伝播してゆく振る舞いを示している。すなわち，同心円状のパターンが発生し，広がってゆく。式（4．49），式（4．50）を見ると，衝撃波やソリトンの数式による扱いでも分かるように，出現するパルスは非減衰型で，振幅や周波数は元のままで伝播してゆく。また，「しきい値」より小さい場合は，パルス波は発生しない。また，いわゆる「不応期」があり，ある一定時間経過しなければ，パルスは発生しない。これについて，図4．18が示される（吉川研一（1992））。

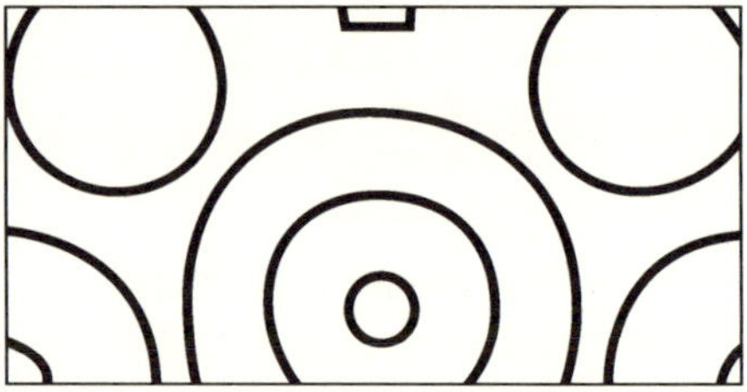

図4．17　二次元のFitzHugh-南雲式で，シミュレーションした空間パターン
（吉川研一（1992））

山本光璋（1993）は，海馬のシータ・ニューロンの活動の発射頻度時系列を

求め，それぞれ150 secのデータとして得ている。PCPA(セロトニンの合成阻害薬）により，脳内のセロトニンを欠乏すると，逆説睡眠に類似した低周波ゆらぎが出てくることを認めている。**図4．19**に見るように，セロトニンを注射

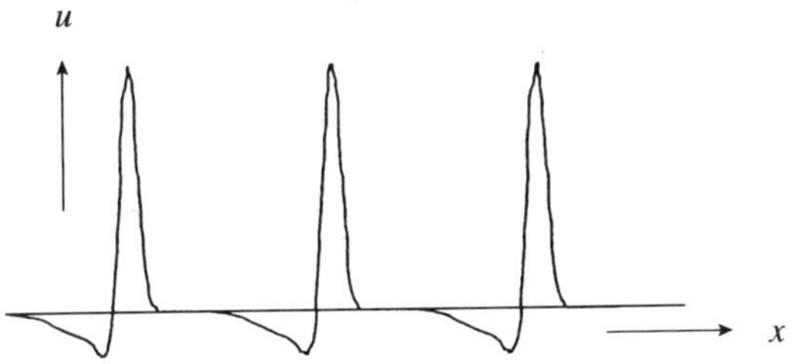

図4．18　FitzHugh-南雲式で現れる進行するパルスを現す解　（吉川研一（1992））

すると，低周波ゆらぎがなくなる(図4．19の5段目)。また，アセチルコリンを入れても，低周波ゆらぎがなくなる(図4．19の6段目)。これらの状態に対応したスペクトルを示すと，**図4．20**となる。

これから，PCPAにより，セロトニンが欠乏した状態では，周波数fとして，$1/f$ゆらぎを示す（図4．20の下段左)。セロトニンの注射によって，白色スペクトルとなっている(下段中)。ニューロン活動のゆらぎ特性には，徐波(ノンレム）睡眠，逆説（レム）睡眠があり，身体の疲れには徐波睡眠，脳の疲れには，逆説睡眠が資しており，ゆらぎが$1/f$になることは，安定な状態を示している。つかの間の居眠りは，脳活動を休息させ，レム睡眠と見られる。

さらに，山本光璋（1993）は，セロトニン・ニューロンについて，ネットワーク（**図4．21**）を用いて，その大域制御性を検討している。すなわち，抑制性の入力が各ニューロンに共通に入っており，各ニューロンは独立として，0と1の間で継続的に状態遷移を起こすとして扱っている。ニューロンの状態遷移系列のスペクトルを調べ，**図4．22**に示すように，抑制性入力が大きい場合には，白色スペクトルとなるが，小さい場合には，$1/f$ゆらぎを示すことを認めている。このことは，ニューロンによる抑制性が，白色スペクトルと$1/f$の間を遷移することを示している。

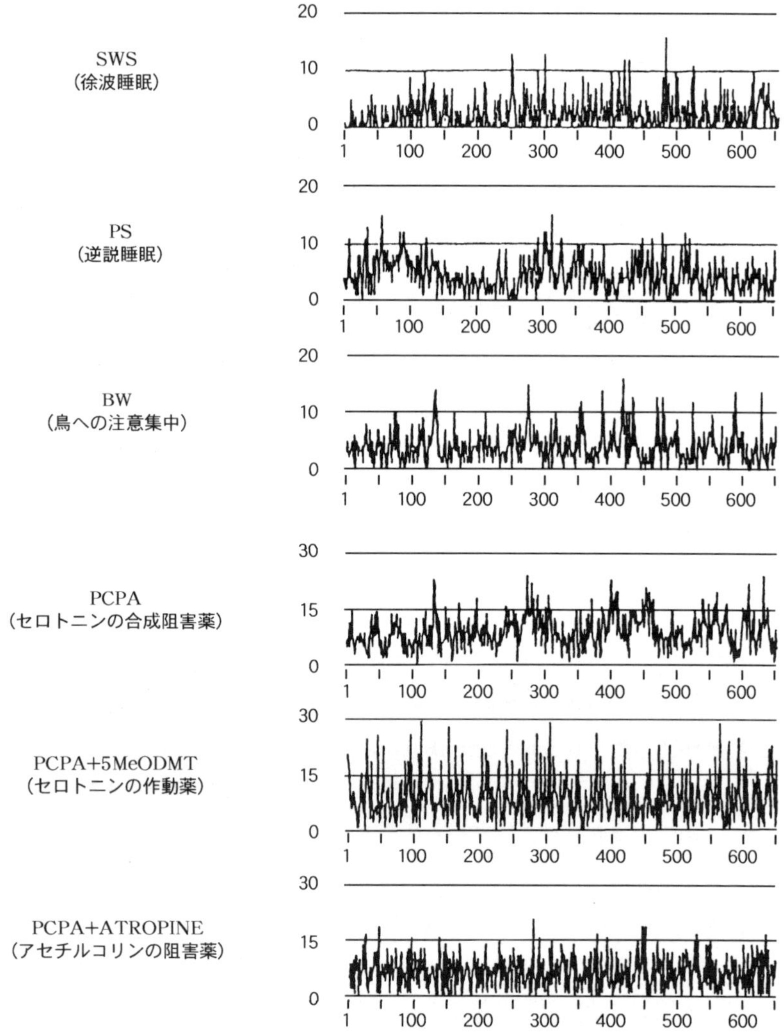

図４．19　海馬シータ・ニューロンの睡眠－覚醒，および薬物投与時における自発活動のスパイク頻度時系列。縦軸の数値は，250ms ごとのスパイク数を示す。

（山本光璋（1993））

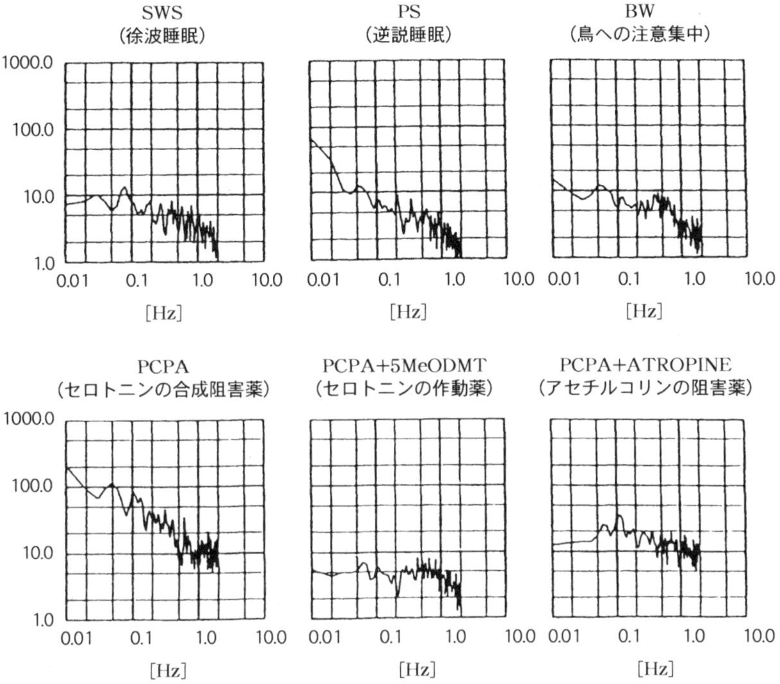

図4．20　海馬シータ・ニューロンの自発活動のパワー・スペクトル（山本光璋（1993））

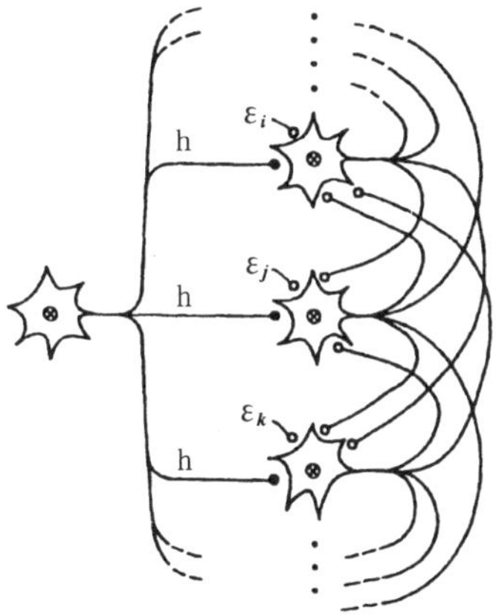

図4．21　セトロニン・ニューロンによる大域的制御入力を模擬するためのニューラル・ネットワーク・モデル（山本光璋（1993））

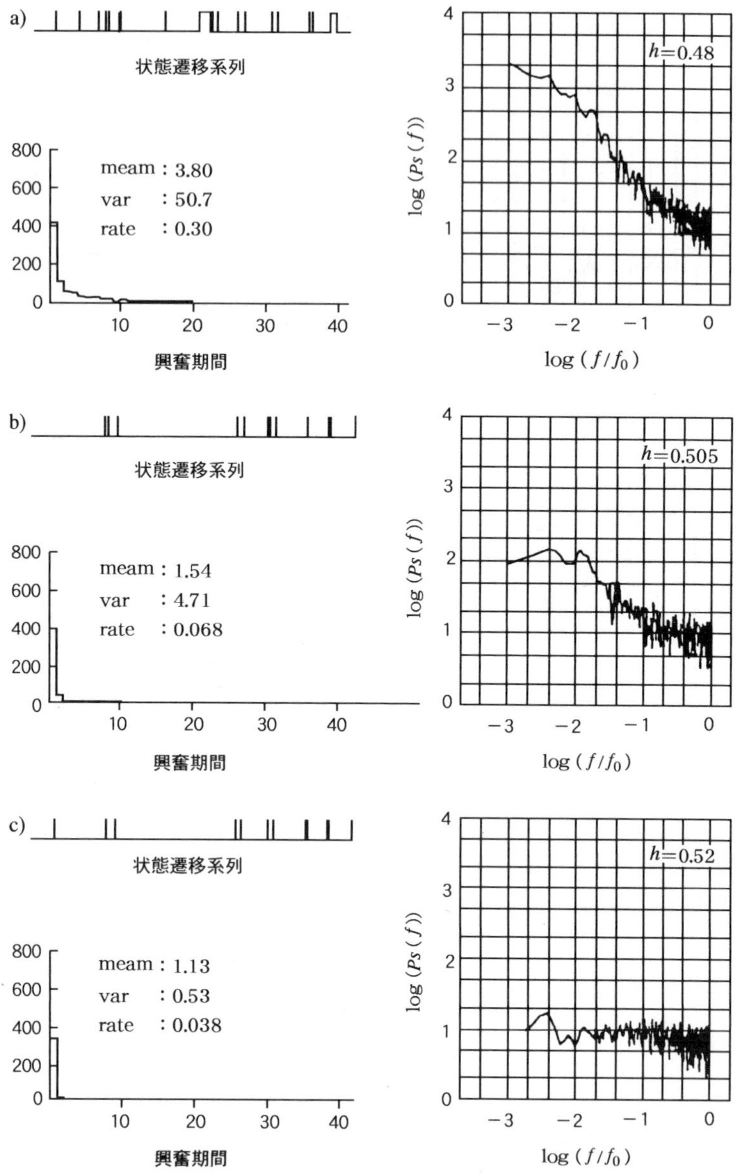

図4．22　ニューラル・ネットワーク・モデルにおけるある1つのニューロンの状態繊維系列とそのパワー・スペクトル密度。大域的抑制入力パラメータ h が小さいときには，a) $1/f$ スペクトルを示し，大きいときには，c) 白色スペクトルを示す。

（山本光璋（1993））

参考文献

1）Field, R. J., M. Burger : Oscillations and Travelling Waves in Chemical Systems, John Wiley & Sons, New York（1985）

2）Fitz Hugh, R. : Impulse and Physiological States in Theoretical Models of Nerve Membrane, *Biophys.*, **1**, 445-466（1961）

3）Foscolo, P. U., L. G. Gibilaro : *Chem. Eng. Sci.*, **39**, 1667（1984）（たとえば東稔節治：プロセスリアクター理論－非平衡系における振動，不安定性および最適性，学術出版印刷，141-143（1999））

4）Glazier, J. A., A. Libchaber : Quasi-Periodicity and Dynamical Systems, - An Experimentalist's View, *IEEE. Trans. Circuits Systems*, **35**（7）, 790-809（1988）

5）Goodwin, R. M. : Chaotic Economic Dynamics, Oxford, Oxford University Press（1990）（邦訳：有賀裕二訳「カオス経済動学」，多賀出版，1992年）

6）Gray, P., S. K. Scott : Chemical Oscillations and Instabilities-nonlinear Chemical Kinetics, Clarendon Press, Oxford UK（1990）

7）Hodgkin, A. L., A. F. Huxley : A quantitative description of membrane current and its application to conduction and excitation in nerve, *J. Physiology*, London, **117**, 500-544（1955）

8）Jackson, R. : Fluid Mechanical Theory,（J. F. Davidson, D. Harrison（eds.）: Fluidization, Chap **3**, 65-119, Academic press, London and Yew York（1971））

9）川原琢治：ソリトンからカオス―非線形発展方程式の世界，朝倉書店（1993）

10）金野秀敏：工学システムのカオスとソリトン（合原一幸編：応用カオス―カオスそして複雑系へ挑む，4編），pp.299-311，サイエンス社（1994）

11）Mckarnin, M. A., L. D. Schmidt, R. Aris：Response of Nonlinear Oscillations 1-Three Chemical Reaction Cases Studies, *Chem. Eng. Sci.*, **43**, 2833-2844（1988）

12）Moon, F. C. : Chaotic and Fractal Dynamics— An Introduction for Applied Scientists and Engineers, John Wiley & Sons, New York（1992）

13）Müller-Krumbhaar, H. : Mode Selection on Interfaces,（G. Nicolis, F. Baras（eds.）：Chemical Instabilities, pp.271-285, D. reidel Publ. Co., Dordrecht（1984））

14）南雲仁一　編：バイオニックス，情報科学講座 B-9-1，共立出版（1966）

15）Pearson, J. R. A. : *J. Fluid. Mech.*, **4**, 489-500（1958）

16）Sawistowski, H. : Interfacial Phenomena（C. Hanson（ed.）: Recent Advances in Liquid-Liquid Extraction, Chap. **9**, 293-366（1971））

17）Schmitz, R. A., G. A. D'Netto, L. F. Razon, J, R. Brown : Theoretical and Experimental Studies of Catalytic Reactions（G. Nicolis, F. Baras（eds.））:

Chemical Instabilities, 33-57, D. Reidel Publishing Co., Dordrecht (1984)
18) Schmidt, R. F.: Human Physiology, Springer-Verlag (1989)
19) Sheintuch, M., S. Shvartsman: Patterns due to Convection-Diffusion Reaction Interaction in a Fixed-Bed Catalytic Reactor, *Chem, Eng. Sci*., **49** (24B), 5315-5326 (1994)
20) Sternling, C. V., L. E. Scriven: *AIChE J*., **5**, 514 (1959)
21) Thompson, J. M. T.: Instabilities and Catastrophes Science and Engineering, John Wiley & Sons, New York (1992) (吉澤修治，柳田英二訳；不安定性とカタストロフ，産業図書 (1985))
22) 都甲　潔：**8**．カオスで味を測る (合原一幸編：応用カオス—カオスそして複雑系へ挑む，pp.228-244，サイエンス社 (1994))
23) 戸田盛和：新物理学シリーズ**3**，山内恭彦監修，振動論，培風館 (1968)
24) 東稔節治：プロセスリアクター理論—非平衡系における振動，安定性および最適化，学術出版印刷 (1997)
25) 上田皖亮：電気回路の不規則振動：カオスとの出逢，(武者利光編：ゆらぎの科学 I，155-202，森北出版 (1991))
26) Velarde, M. G.: Interfacial Instability in Binary Mixtures-The role of the interface and its Deformation, (G. Nicolis, F. Baras (eds.): Chemical Instabilities, 223-232, D. Reidel Publishing Co., Dordrecht (1984))
27) 山本光璋：脳細胞活動のゆらぎと意識の制御，(武者利光編：ゆらぎの科学 3，27-59，森北出版 (1993))
28) 吉川研一：非線形科学－分子集合体のリズムとかたち，学会出版センター (1992)
29) Zeren, R. W., W. C. Reynolds: Thermal instabilities in two-fluid horizontal layers, *J. Fluid Mech*., **53**, (part 2), 305-327 (1972)

第５章　振動プロセスのカオス性

５．１　特異理論

非線形代数方程式が，n 階の自律的方程式として，定常状態（または平衡状態）において次式が成立する。

$$F(x_1,x_2,\cdots,x_n\,;\lambda_0,\cdots,\lambda_m)=0,\quad x_i：変数,\ \lambda_i：パラメータ$$
$$\partial F/\partial x_i=0,\ (i=1,2,\cdots,n) \qquad (5.\ 1)$$
$$\partial F/\partial x_{n+1}\neq 0$$

変数 x_i には，化学反応のとき，滞留時間，転化率，温度などが含まれる。

定常状態における静的分岐は，R. Thom (1975) のカタストロフィ理論に従うと，**表５．１**のように，パラメータ λ，変数 x として７つの形式に分類できるとしている。その静的分岐と応用について，E. C. Zeeman (1978)，J. M. Thomson (1982) にその解説が詳しい。

化学反応として，触媒劣化を伴う流通槽型反応器 (CSTR) の反応成分A，Bの定常状態の挙動を見てみよう。P. Gray，S. K. Scott (1990) に従って，反

表５．１　静的構造とカタストロフィ (J. M. Thomson (1982))

折り目	$x^3+\lambda_0 x$	極限点
		非対称
くさび	$x^4+\lambda_2 x^2+\lambda_1 x$	安定対称
		不安定対称
燕の尾	$x^5+\lambda_3 x^3+\lambda_2 x^2+\lambda_1 x$	
蝶	$x^6+\lambda_4 x^4+\lambda_3 x^3+\lambda_2 x^2+\lambda_1 x$	
双曲型へそ	$x_2^3+x_1^3+\lambda_1 x_2 x_1-\lambda_2 x_2-\lambda_3 x_1$	monoclinal
		homoclinal
楕円型へそ	$x_2^3-3x_2 x_1^2+\lambda_1(x_2^2+x_1^2)-\lambda_2 x_2-\lambda_3 x_1$	anticlinal
放物型へそ	$x_2^2 x_1+x_1^4+\lambda_1 x_2^2+\lambda_2 x_1^2-\lambda_3 x_2-\lambda_4 x_1$	

ここで，x：変数，$\lambda_i(i=0,\cdots,4)$：パラメータ

応 A+2B→3B，速度=k_1ab^2，反応 B→C（劣化過程），速度=k_2b として，反応器の収支をとると，次のように表示される。

$$\frac{da}{dt}=\frac{a_0-a}{t_{res}}-k_1ab^2 \tag{5. 2}$$

$$\frac{db}{dt}=\frac{b_0-b}{t_{res}}+k_1ab^2-k_2b \tag{5. 3}$$

ここに，a, b：成分 A, B の濃度，t：時間，$t_{res}=\nu/V$（ν：容積流量，V：反応器容積）下添の 0：初期値.

このとき

$$c=a_0+b_0-(a+b) \tag{5. 4}$$

ここに，c：成分 C の濃度.

いま，$K_2=k_2/k_1a_0^2$, $\tau_{res}=k_1a_0^2t_{res}$, $\alpha=a/a_0$, $\beta=b/a_0$, $\beta_0=b_0/a_0$ とおくと，

$$\frac{d\alpha}{d\tau}=\frac{1-\alpha}{\tau_{res}}-\alpha\beta^2 \tag{5. 5}$$

$$\frac{d\beta}{d\tau}=\frac{\beta_0-\beta}{\tau_{res}}+\alpha\beta^2-K_2\beta \tag{5. 6}$$

転化率 $x=1-\alpha$ とおき，たとえば $F_x=\partial F/\partial x$, $F_\tau=\partial F/\partial\tau$ とおくと，

$$F=F_x=F_{xx}=0 \tag{5. 7}$$

は，Hysteresis loop の生成であり，単一の定常状態軌道をもつ。次の条件のとき，Isola が出現して，Mushroom への成長となる定常状態軌道が得られる。

$$F=F_x=F_\tau=0\ ,\ F_{x\tau}\neq0\ ,\ F_{xx}\neq0\ ,\ F_{\tau\tau}\neq0 \tag{5. 8}$$

また，単一 Hysteresis loop をもつ通常の Cusp（くさび）が，次の条件のとき得られる。

$$F=F_x=F_{xx}=0 \tag{5. 9}$$

図5．1に，x 対 τ_{res} をプロットし，Hysteresis loop, Isola, Mushroom な

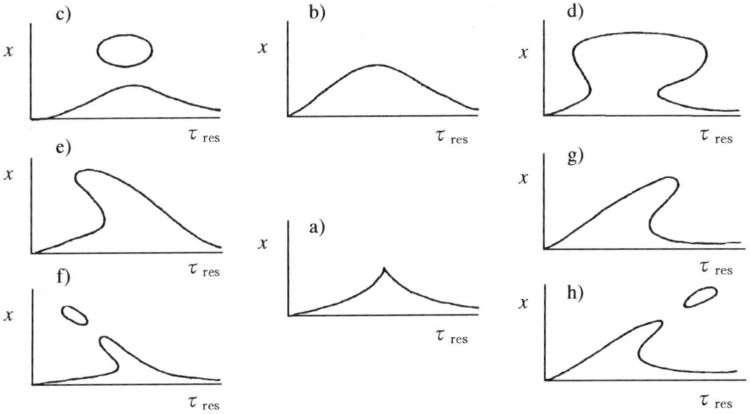

図5．1　Hysteresis Loop, Isola, Mushroom などの定常状態軌道の例

どの定常状態軌道の例を示した（P. Gray, S. K. Scott (1990)：東稔節治 (1999)）。

M. Morbidelli, A. Varma, R. Aris (1987) は，反応 $A+2B \xrightarrow{k_1} 3B$，$B \xrightarrow{k_2} C$ において，記号として，$x=a/a_0$, $y=b/a_0$, $\alpha=k_2\tau(\tau=v/V)$, $\beta=k_1 a_0^2$, $\gamma=b_0/a_0$ とおき，CSTR で収支をとることによって，次式を得ている。

$$\alpha\frac{dx}{d\tau}=1-x-\alpha\beta xy^2 \qquad (5.10)$$

$$\alpha\frac{ay}{d\tau}=\gamma-y+\alpha\beta xy^2-\alpha y \qquad (5.11)$$

定常状態では，$dx/d\tau=dy/d\tau=0$．また，このとき，$x=(1+\alpha\beta y^2)^{-1}$ の関係を入れて，

$$F(y:\alpha,\beta,\gamma)\equiv\alpha(1+\alpha)\beta y^3-\alpha\beta(1+\gamma)y^2+(1+\alpha)y-\gamma=0 \qquad (5.12)$$

これより，$F(y:\alpha,\beta,\gamma)=F$ とおき，$\alpha-\beta-\gamma$ 空面で，$F=F_y=F_{yy}=F_\alpha=0$，すなわち，$\alpha=1$, $\beta=256/27$, $\gamma=1/8$, $y=3/16$ のとき，翼のあるくさび (Winged cusp) 特異点となることを認め，**図5．2**にパラメータについて示した。一般的に $x^3+(\alpha_2\lambda+\alpha_3)x+\alpha_1+\lambda$ の折り目として，$\alpha_1-\alpha_2-\alpha_3$ 空間で表

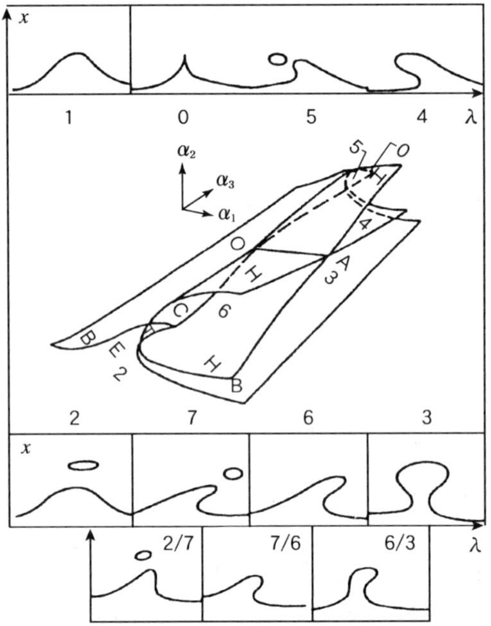

図5．2　翼のあるくさび (Winged Cusp)
特異点への分岐現象

現している。

定常点が安定か不安定かの検討は重要であり，3つの変数 x を扱わなければならない。たとえば，流体対流の Lorenz モデルは，気象現象を5つの1次方程式で記述した B. Saltzman (1962) の手法に対して，流体の流速，温度についてデータを解析し，非線形項を入れた次の3元微分方程式を，E. N. Lorenz (1963) は，次のように導いている。

$$\dot{x}=\sigma(y-x)=10(y-x) \quad (5.13\,a)$$

$$\dot{y}=\rho x-y-xz \quad (5.13\,b)$$

$$\dot{z}=-8/3\cdot z+xy \quad (5.13\,c)$$

これは，重力作用での流体層の流速 x，空間温度分布 y, z を導入して，非線形性を表現している。特に，初期値がわずかに変化するだけで，時系列が変化し，**Butterfly 効果**を見いだしている。このアトラクタをストレンジ･アトラクターと呼ぶ。σ は Prandtl 数，ρ は Rayleigh 数であり，$b=8/3$ は幾何変数である。いま，ρ の変化によるストレンジ･アトラクターの様子と変数 x, y, z の不安定性，安定性を検討してみよう。

F. C. Moon（1992）によると，近似的にE. N. Lorenz の式を2次元に線形化して，次のように根 $\lambda_{1,2}$ を求めている。すなわち，

$$\lambda_{1,2}=-\frac{11}{2}\pm\frac{1}{2}[121-40(1-\rho)]^{1/2} \tag{5.14}$$

根の正負，複素数となることによって，振動の安定性が調べられる。

① $1\leq\rho<1.346$ では，2つの新しい安定点としてノード，原点は1次元，不安定なサドルである。

② $1.346\leq\rho<13.926$ では，低い値で，安定なノードになる。

③ $13.926\leq\rho<24.74$ では，螺旋ノードの近くで，不安定なリミットサイクルを生じる。定常運動は初期条件に敏感である。

④ $24.74\leq\rho$ では，すべての3つの点は不安定となり，カオス運動が始まる。また，$\rho=166.1$ では間欠カオスとなり，バースト間の周期サイクル数 N は $(\rho-\rho_c)^{1/2}$ に比例する。ここで，$\rho_c=166.07$

少なくとも，三体問題で論議することが重要である。このとき，次のように，パラメータ p として表示している。

$$dx_i/dt=f_i(x_1,x_2,x_3,p),\quad (i=1,2,3) \tag{5.15}$$

このとき，3×3 Jacobian 行列 **J** は，次のように書かれる。

$$\mathbf{J}=\begin{bmatrix} j_{11} & j_{12} & j_{13} \\ j_{21} & j_{22} & j_{23} \\ j_{31} & j_{32} & j_{33} \end{bmatrix},\quad j_{11}=\partial f/\partial x_1 \quad \text{etc.} \tag{5.16}$$

3つの固有値は，3次方程式の根として得られる。

$$\lambda^3+b\lambda^2+c\lambda+d=0 \tag{5.17}$$

係数は b, c, d は，次に書かれる。

$$b=-t_r(\mathbf{J})=-(j_{11}+j_{22}+j_{33}) \tag{5.18}$$

$$c=j_{11}j_{22}+j_{11}j_{33}+j_{22}j_{33}-j_{12}j_{21}-j_{13}j_{31}-j_{23}j_{32} \tag{5.19}$$

$$d=-\det(\mathbf{J})$$

$$=-(j_{11}j_{22}j_{33}+j_{21}j_{13}j_{32}+j_{31}j_{13}j_{23}-j_{11}j_{23}j_{32}-j_{22}j_{31}j_{13}-j_{33}j_{12}j_{21}) \tag{5.20}$$

第1章で述べた2次元変数の安定性解析に比べて，これは少し複雑となる。安定結節点，渦状点，中心点も根によって存在するが，実部正の根の数3のとき不安定結節点，不安定渦状点となる。n 個の独立した系に対して，いま，振動周期 T_p とし，サイクルのゆらぎ $\Delta x(T_p)$ を，次のように線形して表す。

$$\Delta x(T_p)=\mathbf{J}(T_p)\Delta x_0 \tag{5.21}$$

いま，Jacobian $\mathbf{J}(T_p)$ は，次の形式をもつ。

$$\mathbf{J}(T_p)=\exp(\mathbf{B}T_p) \tag{5.22}$$

リミットサイクルにおいて，$\mathbf{J}(T_p)$ が1より大きいときには，サイクルごとのゆらぎが成長し，不安定となる。$\mathbf{J}$ の固有値は，Floquet 乗数 ν_i であり，$\mathbf{B}$ の固有値は，Floquet 指数 β_i であり，$\beta_i<0$ のとき安定，$\beta_i>0$ は不安定，$\beta_i=0$ のときには，これら2つの場合の間の分岐に対応する。定量的に述べると，最大モジュラス（臨界 Floquet 乗数，または CFM）をもつ乗数が単一円を横断するとき，不安定性が起こる。

P. Gray，S. K. Scott（1990）は，自律3変数をもつ反応系について，Hopf 分岐を含めて，J. L. Hundson，O. E. Rössler（1984）のモデル：

$$\frac{da}{dt}=k_1p-k_3ab-k_5a+k_{-5}c \tag{5.23}$$

$$\frac{db}{dt}=k_2q+k_3ab-\frac{k_4b}{b+K} \tag{5.24}$$

$$\frac{dc}{dt}=k_5a-k_{-5}c \tag{5.25}$$

を用いて計算し，図5．3に示した。　このとき

$$k_1p=0.01,\ k_2q=0.0005,\ k_3=1.0,\ k_4=0.11,\ K=0.08,$$
$$k_5=k_{-5}=0.02 \tag{5.26}$$

定常状態の各成分濃度については，次式となった。

$$a_{ss}=c_{ss}=1.1845,\quad b_{ss}=8.442\times10^{-3} \tag{5.27}$$

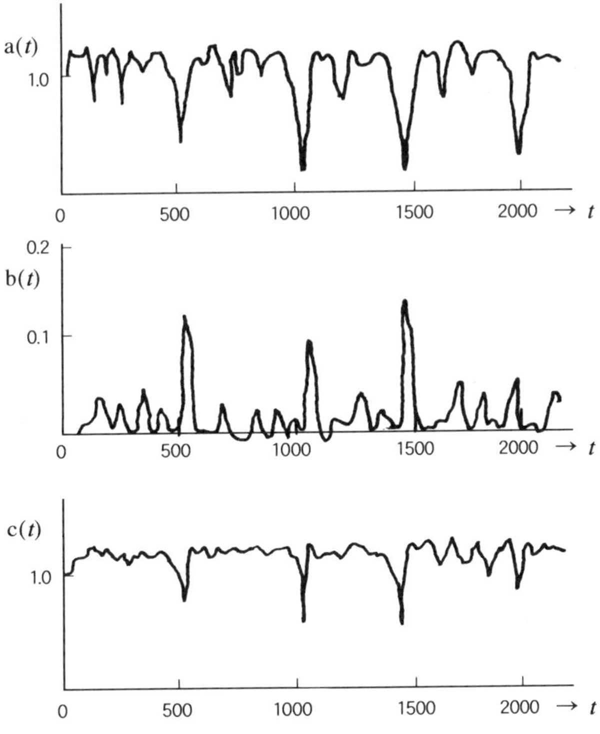

図5．3　$a(t)$, $b(t)$, $c(t)$ の振動変動（Hudson-Rössler（1984））

力学系は，大抵微分方程式で記述されるが，ハミルトニアンがあり，エネルギーを保存する系は保存系といわれ，一方，観測される系では，エネルギーが散逸することがほとんどであり，時系列データのカオスへの分岐として，リミットサイクル，ホップ分岐，トーラス，間欠性カオス，準周期からカオス，カオスが発生する不連続転移（Hysteresis ともいう）について，理解しなければならない。

5．2　ポアンカレ写像

Rayleigh－Bénard 対流系の実験を行うとき，数 mm の水平に置かれた 2 枚の平行平板の間に流体を満たし，下から加熱するとき，上下の温度差が，ある臨界の温度差 ΔT_c より小さい間は対流は起きず，熱伝導によって下から上に熱が移動する。しかし，温度差が ΔT_c を超えると，浮力の力が粘性と熱伝導による散逸に打ち勝ち，定常的な対流が形成される。**図5．4**に示すロール上の構造が生じ，上面を開放した状態では，表面張力の効果によりハニカム（蜂の巣状）の構造へ変わる。この系で，温度差をさらに増加させると，ロール構造が振動し始める。さらに，温度差を増加させ，周期倍分岐，またはホップ分岐を起こし，２次元トーラスを経由して，カオスへ至る（佐野雅巳（1987））。

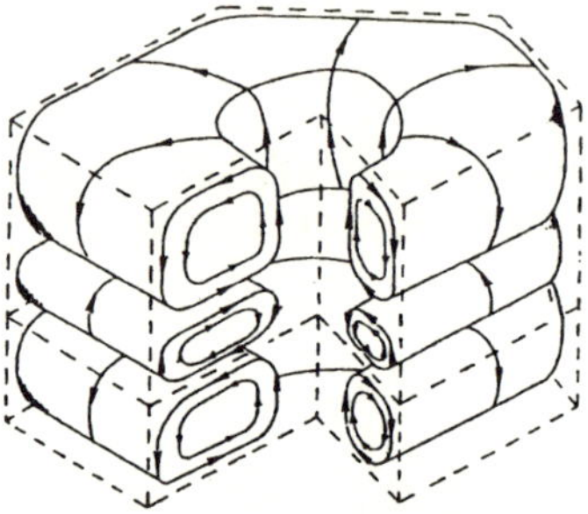

図5．4　ベンゼン相における２セルを示す浮力モード不安定性に対する対流セル

図5．5　ストロボスコープ位相面内の x_n 対 x_{n+1} 軌道

カオス振動を伴う時系列データは，予測不可能といえる。通常の周期振動とカオス振動については，たとえばストロボを光らせて，その瞬間の変位と速度を次々と測定すると，周期振動のときには，点の間が周期的に回っているのが得られ，予測可能となる。しかし，カオス振動のときには，変位－速度の平面に無数の点が現れ，周期の規則性はなくなる。

時系列 $\{x(t_1), x(t_2) \cdots x(t_n)\}$ に対して，ストロボスコープ位相面内で，1つの軌道を移動し，このとき x_n に対して x_{n+1} を描くと，一定の規則性ある動きが得られる（図5．5）。このことは，$(n+1)$ 次元の動きを n 次元へ戻すことができる。この写像を，Poincaré mapping という。Poincaré 写像は，ランダムな雑音のある入力動力学系を調べるのに有用である。また，一般に，2次元以上の写像となることがある。なお，連続時間の振動現象では，フロー（Flow，流れ）として表示される。一方，1次元写像のことを，リターン（Return）写像という。リターン写像によって，次のロジスティック（Logistic）方程式：

$$x_{n+1}=\lambda_n x_n(1-x_n) \tag{1．43}$$

が求められる。λ_n の大きさによって x_n は，1章で述べたように，①周期的振動，②準周期的で，かつ2つの調和しない周波数をもつ系，③カオス振動の領域を知ることができる。分岐現象においては，周期倍増では，制御パラメータ λ_n の関係に，次の Feigenbaum 数が得られる。

$$\lim_{n\to\infty}\frac{\lambda_n-\lambda_{n-1}}{\lambda_{n+1}-\lambda_n}=\delta=4.6692016 \tag{1．44}$$

これを，図5．6に示した。

カオスへ至るルートには，間欠性（Intermittency）カオスがあり，このとき，振動の間にバースト（Burst）が出現し，バースト間は周期運動に長い期間があり，バースト間の時間 τ は，$\lambda-\lambda_c$（$\lambda_c=3.57$：周期運動がカオス的となる臨界値）の平方根の逆数に比例する。間欠性カオスとしては，対流系の温度差に相当するパラメータ R，その臨界値 R_T との差（$R-R_T$）とし，バーストとバーストの平均の間隔 $\ell \propto 1/(R-R_T)^{\sigma}$（$\sigma$ は通常0.5）のときタイプ1といい，写像の固定点または周期点の固有値が -1 であるときタイプ3という。周期点がホップ分岐する結果，間欠性カオスになるときタイプ2という。また，間欠性カオスのとき，周波数パワースペクトルが $1/f$ ノイズ型となることが示され

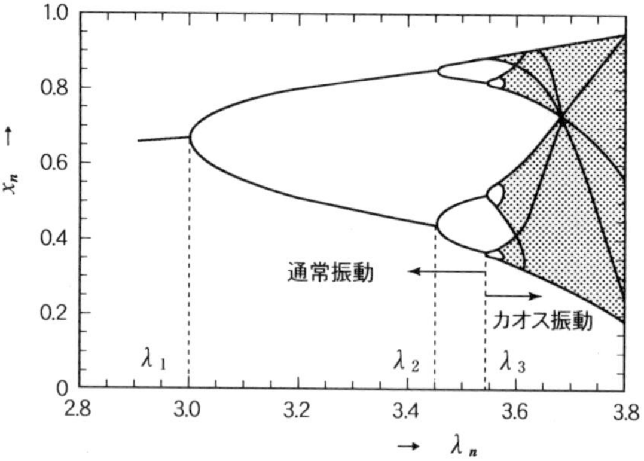

図5．6　ロジス性写像に対する周期増倍分岐

る（佐野雅巳（1987））。

5．3　カオス振動の判別

既に1章では，非線形性と線形性についてその特徴を述べたが，物理量が時刻について不規則変動となるとき，時系列データについてそのパワースペクトルを求めると広範囲にわたり，すべての周波数成分を含む連続スペクトルとなることがある。このようなとき，系はカオスを含むといえる。

図5．7に多様体(Manifold）の振る舞いを示した。平衡点が鞍部点のとき，安定多様体と不安定多様体とが，交差して生じる解軌道を，ホモクリニック(Homoclinic)軌道という。異なる鞍部点からの安定軌道と不

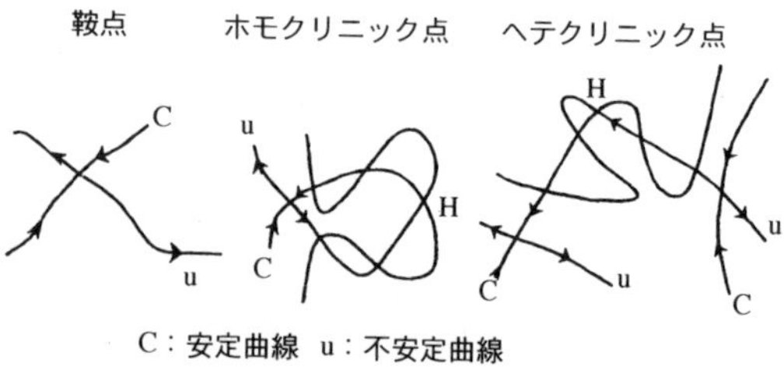

図5．7　多様体（manifold）の挙動

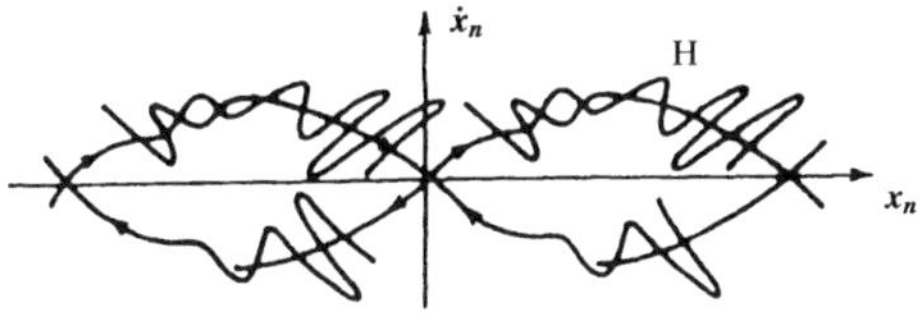

図5．8　調和強制振動子の多様体のポワンカレ写像　　(F. V. Moon (1992))

安定軌道を結ぶ解軌道を，ヘテロクリニック（Heteroclinic）軌道という。F. C. Moon（1992）によると，井戸ポテンシャル振動子のときは，この両者の分岐を考えなければならないとしている。たとえば，鞍点のとき，２つの多様体が接近する。また，強制された減衰する振り子について，小さな外力のときには，鞍部の安定と不安定分岐は互いに接触しないが，外力が増加すると２つの多様体が交わる。いったん交叉すると，無限の時間数と交わることになる。**図5．8**に，この様子を示した。非線形性が強くなると不安定化し，軌道が位相空間に拡散してゆき，時間の経過とともに，初期条件がわずかに異なる2つの軌道の差が増大し，いわゆる軌道不安定性（Orbital Instability）となる。このような例は散逸構造といわれ，自由粒子，単振動，対流系，化学反応系などに見られる。

5．4　リアプノフ指数とそのスペクトラム

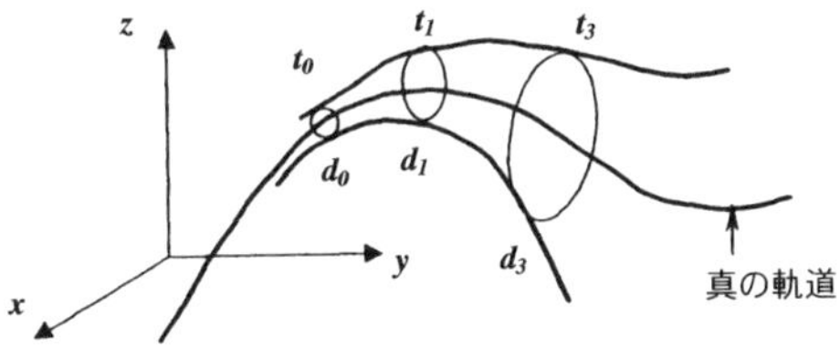

図5．9　カオス過程における初期条件の小さな球から軌道が発散してゆく様子

カオス過程における軌道の間の距離は，時間の経過とともに増大し，成長する。**図5．9**に，初期条件の小さな球から軌道が発散してゆく様子を示した。振動系が不安定か，安定かの判別は，**リアプノフ（Lyapunov）指数**Λの正負値で決められる。Λが正値のとき，カオス運動，Λが０，または負値のとき，通常振動で安定となる。このΛは，２つの開始点間の距離を$d(\tau_{k-1})$，時間τだけ後の時間での距離を$d(\tau_k)$とすると

$$d(\tau_k)=d(\tau_{k-1})\cdot 2^{\Lambda\tau} \qquad (5.28)$$

また

$$\Lambda=\frac{1}{\tau_N-\tau_0}\sum_{k=1}^{N}\ln\frac{d(\tau_k)}{d(\tau_{k-1})} \qquad (5.29)$$

と，定義される。

リアプノフ・スペクトラムは，動力学過程では複数のLyapunov指数Λ_i($\Lambda_i=\log\mu_i$, μ_i)の集合となる。Lyapunov指数の最大を$\Lambda_{\max}$として，J. L. Kaplan，J. A. Yorke (1978) に従うとリアプノフスペクトルが得られ，このとき，リアプノフ指数を大きい順に並べる。**表5．2**に例を示した。2つ以上の正となるリアプノフ指数のある系を，超カオス (Hyperchaos) という。このとき，動力学系では，位相空間が2つ以上の方向に引き伸ばされるといえよう。

N次元写像について，x_nをN次元位相空間でのベクトルx_nとして，次式で表示する。

表5．2　動力学過程におけるリアプノフ指数 (F. C. Moon (1992)，一部修正)

システム	パラメータ値	リアプノフスペクトラム (bits/s)	リアプノフ次元
Henon $X_{n+1}=1-aX_n^2+Y_n$ $Y_{n+1}=bX_n$	$a=1.4$ $b=0.3$	$\Lambda_1=0.603$ $\Lambda_2=-2.34$ (bits/iteration)	1.26
Rössler chaos $\dot{X}=-(Y+Z)$ $\dot{Y}=X+aZ$ $\dot{Z}=b+Z(X-c)$	$a=0.2$ $b=0.2$ $c=10.0$	$\Lambda_1=0.13$ $\Lambda_2=0.00$ $\Lambda_3=-14.1$	2.01
Lorenz $\dot{X}=\sigma(Y-X)$ $\dot{Y}=X(R-Z)-Y$ $\dot{Z}=XY-bZ$	$\sigma=16.0$ $R=45.92$ $b=4.0$	$\Lambda_1=2.16$ $\Lambda_2=0.00$ $\Lambda_3=-32.4$	2.07
Rössler hyperchaos $\dot{X}=-(Y+Z)$ $\dot{Y}=X+aY+W$ $\dot{Z}=b+XZ$ $\dot{W}=cW-dZ$	$a=0.25$ $b=3.0$ $c=0.05$ $d=0.5$	$\Lambda_1=0.16$ $\Lambda_2=0.03$ $\Lambda_3=0.00$ $\Lambda_4=-39.0$	3.005

$$x_{n+1}=\mathbf{F}(x_n) \tag{5.30}$$

$\mathbf{F}$ が $f_1(x_1,x_2,x_3)$，$f_2(x_1,x_2,x_3)$，$f_3(x_1,x_2,x_3)$ の関数として，Jacobian 行列を用いると，次のように記述される。

$$\mathbf{J}=\begin{bmatrix} \frac{\partial f_1}{\partial x_1} & \frac{\partial f_1}{\partial x_2} & \frac{\partial f_1}{\partial x_3} \\ \frac{\partial f_2}{\partial x_1} & \frac{\partial f_2}{\partial x_2} & \frac{\partial f_2}{\partial x_3} \\ \frac{\partial f_3}{\partial x_1} & \frac{\partial f_3}{\partial x_2} & \frac{\partial f_3}{\partial x_3} \end{bmatrix}=[\nabla\mathbf{F}] \tag{5.31}$$

n 回の写像の後，初期の超球の局所形状は，次のように表される。

$$[J_n]=[\nabla\mathbf{F}(x_n)][\nabla\mathbf{F}(x_{n-1})]\cdots[\nabla\mathbf{F}(x_1)] \tag{5.32}$$

一般に，2次元写像は，パン屋（Baker）の**パイこね変換**ともいわれ，いま，

$$j_1(n)\geq j_2(n)\geq\cdots\geq j_N(n) \tag{5.33}$$

の順序にあるとき，リアプノフ指数は，次のように定義される。

$$\Lambda_1=\lim_{n\to\infty}\frac{1}{n}\log_2 j_1(n) \tag{5.34}$$

この操作は，パイ状生パンを引き伸ばしたり，切断するのに似ている（**図5.10**）。これについて，次式で表現される。

$$x_{n+1}=\begin{cases}\Lambda_a x_n, & y<\frac{1}{2}\\ \frac{1}{2}+\Lambda_b x_n, & y>\frac{1}{2}\end{cases} \tag{5.35}$$

$$y_{n+1}=\begin{cases}2y_n, & y<\frac{1}{2}\\ 2(y-\frac{1}{2}), & y>\frac{1}{2}\end{cases} \tag{5.36}$$

いま，Jacobian 行列が，次のように表されるとする。

$$J=\begin{bmatrix} s_1 & 0\\ 0 & 2\end{bmatrix} \tag{5.37}$$

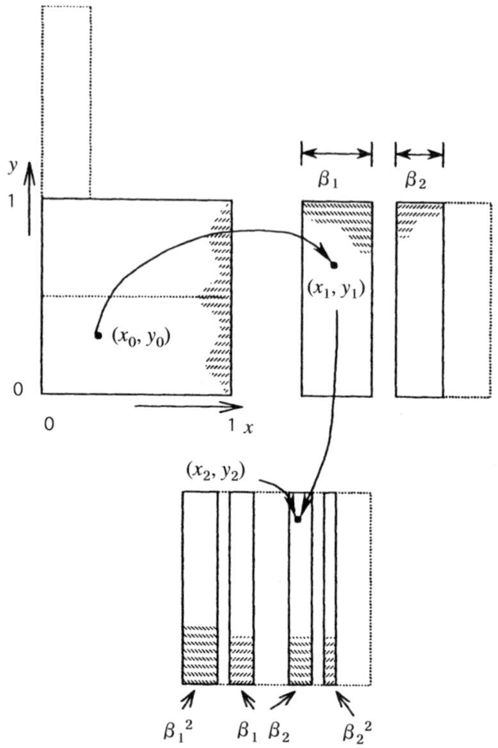

図5．10　パイこね（Baker）変換

ここに，$s_1=\Lambda_a(y<(1/2)$ のとき)，$s_1=\Lambda_b(y>(1/2)$ のとき)

写像の繰り返しによって，固有値の大きさは次のようになる。

$$j_1(n)=2^n,\ j_2(n)=\Lambda_a{}^k\Lambda_b{}^\ell,\ k+\ell=n \tag{5.38}$$

式（5．34）を適用して，次の関係を得る。

$$\Lambda_1=\lim_{n\to\infty}\frac{1}{n}\log_2 2^n \tag{5.39 a}$$

$$\Lambda_2=\lim_{n\to\infty}\{\frac{k}{n}\log_2\Lambda_a+\frac{\ell}{n}\log_2\Lambda_b\} \tag{5.39 b}$$

いま，仮定として，次のようにおく。

$$\frac{k}{n}=\frac{1}{2},\quad \frac{\ell}{n}=\frac{1}{2} \tag{5. 40}$$

結果として

$$\Lambda_1=1,\quad \Lambda_2=\frac{1}{2}\log_2\Lambda_a\Lambda_b \tag{5. 41}$$

いま，Rösslerの方程式：

$$\dot{X}=-(Y+Z),\ \dot{Y}=X+aZ,\ \dot{Z}=b+Z(X-c) \tag{5. 42}$$

に適用すると，表5．2に示すように，定数 a, b, c を与えると，$\Lambda_1, \Lambda_2, \Lambda_3$ をうる。リアプノフ指数 Λ を，制御パラメータ c についてプロットすると，図5．11となる（C. Vidal, A. Lafon (1984)）。$c_\infty=4.2$，すなわち $c=c_\infty$ 以降では，通常振動からカオス振動へ移行する。また，リアプノフ指数 $\Lambda≒0.07$ とすると，1000秒後には約10^{30}倍の誤差となるので，このことは，最初に10^{-30}程度でデータ観測し，その精度が保証されることを意味する。計算能力が向上しても，天気予報を長期にわたって予測することは実質的に不可能であることが，カオス運動から教示される。

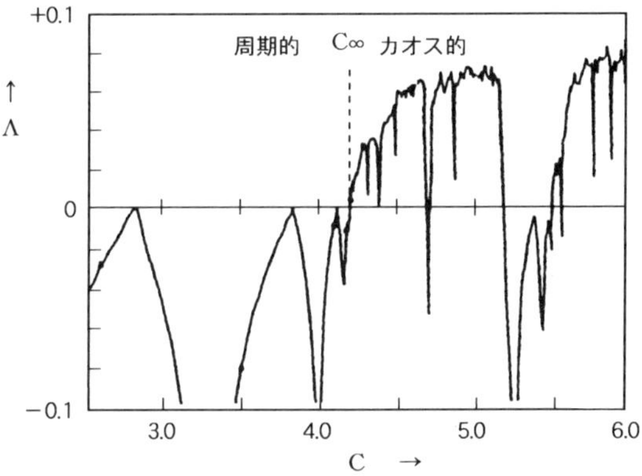

図5．11　リアプノフ指数 Λ 対 パラメータ c
(C. Vidal,　A. Lafon (1984))

［例題5．1］ いま，Henon写像において，折りたたみ，縮小，回転操作によって，2変数 x_{n+1}, y_{n+1} は，それぞれ x_n, y_n について，次のように記述される。

$$x_{n+1}=1-y_n-a\cdot x_n^2 \qquad \text{(E 5. 1)}$$

$$y_{n+1}=b\cdot x_n \qquad \text{(E 5. 2)}$$

定数 a, b を求めよ。

[解] この写像の Jacobian 行列は

$$\partial(x_{n+1}, y_{n+1})/\partial(x_n, y_n)=-b \qquad \text{(E 5. 3)}$$

となり，写像において，$x_{n+1}=x_n$, $y_{n+1}=y_n$ として，2つの固定点をもち，$a=1.4$，$b=0.3$ を得る。

初期時刻におけるゆらぎ（＝誤差）の確率分布を，多次元球と仮定すれば，ある時刻後には，基準解の不安定軸に沿って伸びた多次元楕円体に変形する。予報時間が無限大のとき，楕円体の主軸方向の誤差成長率は，リアプノフ指数が正であれば，カオスとなる。

木本昌秀（1994）に従うと，系の自由度をNとすると，Jacobian 行列の大きさは $N\times N$ となり，N が数10万の数値予報モデルの誤差の大きさを，$N=231$ の簡易大気モデルで模擬した結果を，**図5．12**に示した。横軸は時間で，1日1回測定したとし，7日先までの数値予報の誤差の大きさを実線で示す。また，点線は，簡易モデルに従って，局所リアプノフ不安定解析の理論から計算した

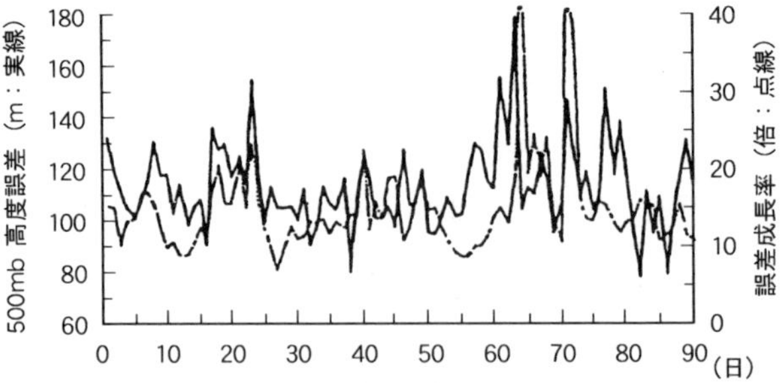

図5．12　予報のはずれ方（実線：北半球で平均した500mb 面高度の予報誤差）と計算機による誤差の成長率（点線）

（木本昌秀（1994））

誤差成長率である。1988年12月から3カ月（90日）の期間前半では，理論に基づく誤差成長と，実際の一致の見られる部分もあるが，この程度の精度では，実用化は難しいとしている。

5．5　ストレンジアトラクターと初期値効果

散逸系で，軌道が t の無限大で落ち込むような集合の閉包のことを，アトラクター（吸引子，Attractor）といい，リミットサイクルが1つの例である。アトラクターのうち，初期値に敏感なものを**ストレンジ・アトラクター**（Strange attractor）という。リアプノフ・スペクトラムによるアトラクターの分類は，①リアプノフ指数が負のとき固定点，② 周期解，リミットサイクルがあるとき，安定ならば，1つの0のリアプノフ数，その他の指数がすべて負となるとき，リミットサイクル，③ n 次元のトーラスは，n 個の0のリアプノフ数をもつトーラスのときに得られ，④リアプノフ指数が，少なくとも1つ以上が，正の負をもつストレンジ・アトラクターの4種が示されている。

いま，観測量が一定時間間隔ごとに与えられ，3次元空間の表現のために必要なアトラクラーの構成に，実際のデータが1次元の値しか与えられないときを考える。このとき，N. H. Packard (1980)，F. Takens (1981) は，同一の時系列データから，その時間値をずらすことによって，あとの2つの観測値を用いて，これら3つの時系列が軌道として，この方法によってアトラクターが形成され，これを図5．13に示した。時系列を $\{x_i\}$, ($i=1, 2, \cdots, M$) として，d 次元のベクトル $\mathbf{x}(i=1, 2, \cdots, N)$ を作るには，適当な時間遅れ τ を選び，$\tau=m\Delta t$ とすると，

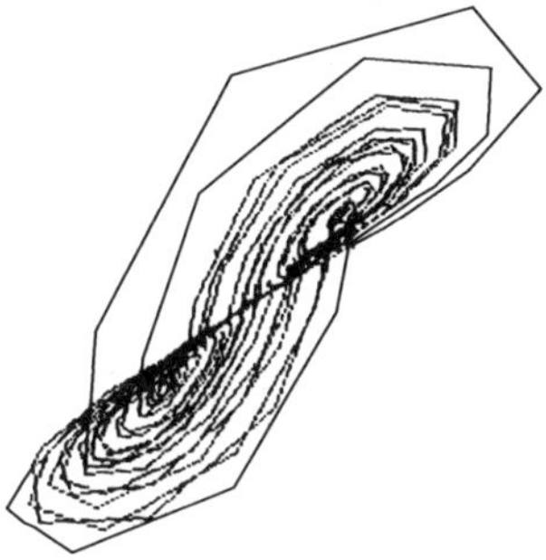

図5．13　Packard-Takens法によるストレンジ・アトラクターの再構築（ローレンツ・アトラクターの場合）
(I. Steward (1989))

$$\mathbf{x}=(x_i, x_{i+m}, \cdots, x_{i+(d-1)m}) \qquad (5.43)$$

ただし，$M \geq N+d-1$ と選ぶとよい。この方法を，**Takens の埋込み** (embedding) **法**といい，d を，**埋め込み次元**という。このことは，時系列のデータにおいて，$x(t)$，$x(t+\tau)$,$x(t+2\tau)$ を連続して τ 間隔でとり，これをプロットすることによって，アトラクターが再構築し得る。このとき，τ は一周期の数分の１ぐらいがよいとされている。たとえば，これによって，BZ 反応における臭素イオン濃度の時間的変動を測定し，パカード・ターケンス法に従って，ストレンジ・アトラクターを作ると，図５．14に示される（J. C. Roux（1984））（τ_d＝8.8s）。

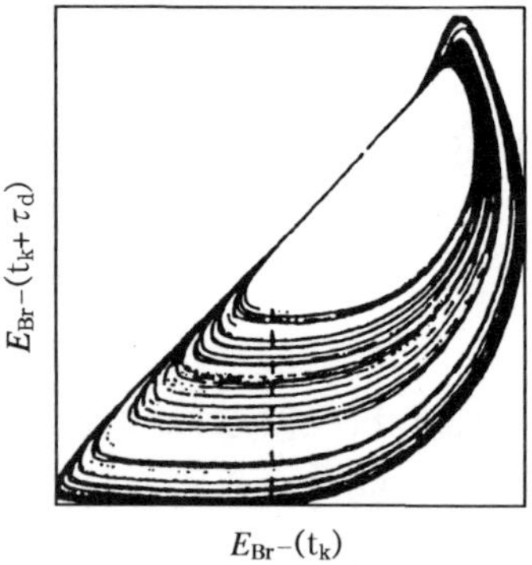

図５．14　BZ 反応におけるストレンジ・アトラクター
(H. L. Swinney, J. C. Roux (1984))

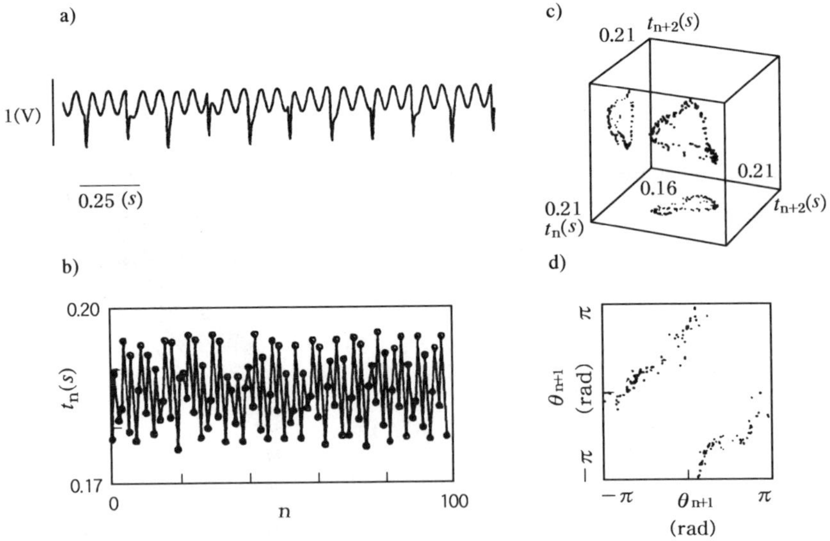

図５．15　周期的電流刺激によるカオス（都甲　潔（1994））

都甲　潔（1994）は，ジオレイル燐酸塩（DOPH）の人工脂質膜において，塩素濃度勾配下で直流と交流の電気を印加して，周期的電気刺激に対して，自励発振の周期が引き込まれることを見いだし，Intermittency カオスは，1：1（外部周波数：自励発振周波数）引き込みの領域の近くで，発光間隔 t_n が不規則に変化し，アトラクターを構築している。これを図5．15に示した。

M. Giona（1992）は，カオス的時系列の解析に，Takens の埋め込み次元 d と，アトラクターの相関次元 D の間に，$d=2D+1$ の関係を求め，時間遅れ τ を適当に選び，サンプリング時間の最適値を求めている。BZ 反応のモデルとして立てられた Brussellator を例として，10^5 点データ，サンプリング時間 10^{-3} として，自己相関関数 対 時間遅れ τ との関係を得ている。これらの結果より，Takens 理論は，たとえば Kalman フィルター理論のような予測の古典法に比べて急務であり，再構築は，d の正確な推算と時間遅れ τ の推定が入り，非線形で決定論的時系列解析に資することが多いとしている。D. T. Lynch（1992）は，並列，逐次自己触媒反応を，流通槽型反応器（CSTR）で検討し，リアプノフ指数と Damkohler 数の関係を求め，カオスと周期性の間の複雑な転移を調べ，Intermittency を経てカオスへ至ることを認めている。

R. Larter（1984）は，ストレンジ・アトラクターの基礎となっている振動反応に対する微分方程式群について，感度解析を試みた。すなわち，初期値 $\alpha_i\{=C_i(t=0)\}(i=1,2,\cdots,N)$ として，基礎式が次式で表されるとする。

$$\frac{dC_i}{dt}=R_i(C_1,\cdots,C_N,\alpha_{N+1},\cdots,\alpha_M)\ (i=1,2,\cdots,N) \qquad (5.44)$$

いま，感度係数 $\overline{\partial C_i(t)/\partial\alpha_j}$ は，次の微分方程式を解いて得られる。

$$\frac{d}{dt}\left(\overline{\frac{\partial C_i}{\partial\alpha_j}}\right)-\sum_{k=1}^{N}\overline{\frac{\partial R_i}{\partial C_k}}\cdot\overline{\frac{\partial C_k}{\partial\alpha_j}}(t)=\overline{\frac{\partial R_i}{\partial\alpha_j}}\quad(i=1,\cdots,N\,;\,j=1,\cdots,M) \qquad (5.45)$$

ここに，初期条件は次に与えられる。

$$\overline{\frac{\partial C_i}{\partial\alpha_j}}(t=0)=\begin{cases}\delta_{ij},(j=1,\cdots,N\,;\,j=N+1,\cdots,M)\\ 0\quad(j=1,\cdots,N)\end{cases} \qquad (5.46)$$

これより，振動の周期 τ，また，τ が固定される場合の変化を記述する周期関数 $\overline{(\partial C_i/\partial\alpha_j)_\tau}$ とすると，時間 t_1, t_2 は，サイクルの異なる点に対応するとして，

$\overline{\partial\tau/\partial\alpha_j}$を求めて，周期の感度性の情報を検討しうる。

図5.16には，初期値に対する組成の変化$(dX/dX_0)_\tau$（C_i：i 成分の濃度，X_i：i 成分組成，α_j：j 成分の初期濃度，X_0：初期組成）と時間の関係を，**表5．3** に示す Lotka－Voltera モデルで示した。

このとき，Lotka－Volterra の振動子は，速度定数 k_4, k_5 における変動に，不安定となったと報告している。L. F. Razón *et al*. (1986) は，多結晶 Pt リボン触媒上での CO 酸化を行い，擬振動データの Fourier パワースペクトル解析によってカオスであることを調べ，リアプノフ指数と Kolmogorov エントロピーK の関係を求めている。

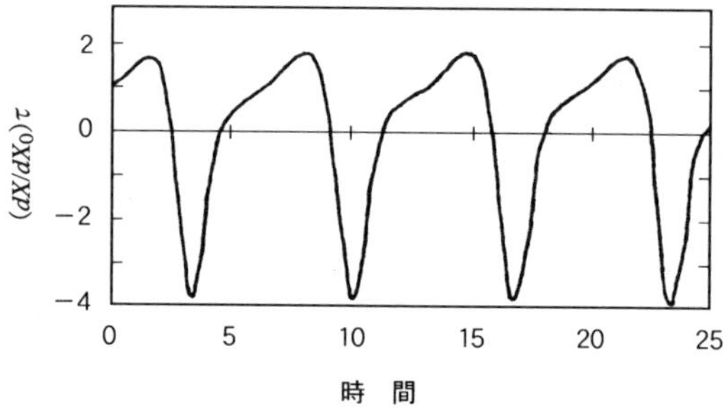

図5．16　初期値に対する組成の変化$(dX/dX_0)_\tau$ と時間の関係　(R. Larter (1984))

表5．3　感度解析により研究されたモデル振動子

Brusselator	Lotka－Volterra
$\dot{X}=k_1+k_2X^2Y-k_3X-k_4X$	$\dot{X}=k_1X-k_4X^2-k_2XY+k_5Y^2$
$\dot{Y}=k_3X-k_2X^2Y$	$\dot{Y}=k_2XY-k_5Y^2-k_3Y$
標準パラメータ値	
$k_1=k_2=k_4=1.0$	$k_1=k_2=k_3=1.0$
$k_3=3.0$	$k_4=k_5=0.0$
$X(0)=1.1,\ Y(0)=3.0$	$X(0)=Y(0)=0.5$

時系列データに対して Takens（1981）の埋め込み理論に従って，時系列点，$x(t), x(t+\tau), x(t+2\tau), \cdots, x(t+(n-1)\tau)$（$n$：$n$ 次元空間で，埋め込み次元で，力学系の次元 ℓ とするとき，$2\ell+1$ 程度に選ばれる）を用いて，2次元（$x(t)$ 対 $x(t+\tau)$）のアトラクターを再構築している。このとき，$\tau=16s$ と選んでおり，Hausedorff 次元 D について，リアプノフ指数との間の関係を得ている。

カオスの工学的応用として，従来ノイズとみなしたプラントの時系列信号を見直し，積極的に異常や故障の診断，システム状態の解析と予測に役立つことが重要である。線形自己回帰（AR）モデルでは，システム内部状態の診断，制御，予測に限界がある。原子炉の炉心槽の異常振動は，流体の強制力を伴う圧力変動があり，観測されている中性子ゆらぎ信号の複雑さを単なる白色雑音とせず，フラクタル次元などによる安定性の指標や早期発見のためのツールとして，役立つことが望ましい。また，6章で扱われるが，カオスをどのように制御するかなど，制御変数の可変範囲内でのモデルの構築など考えられる。

J. C. Mankin, J. L. Hudson (1984) は，2個の CSTR (Continuous Stirred

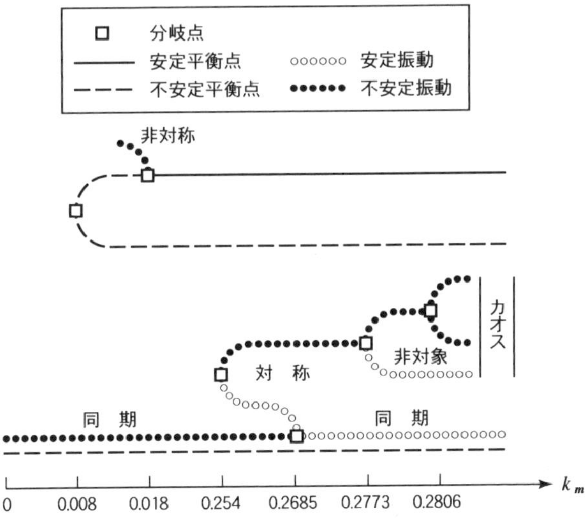

図5．17　複合反応系における分岐
（J. C. Mankin, J. L. Hudson (1984)）

Tank Reactor）で，非等温過程において，２槽間の流体混合流の交換係数 k_m を変えて，$k_m=0$ のとき，各反応器の１個の不安定な平衡点，そのまわりの安定なリミットサイクルの存在することを認めた。k_m が大きくなると，両反応器は振動し，これが同期する。これらを，**図５．17**に示した。$k_m=0.2685$ で，これが大きくなると，対称振動から非対称振動へ移行し，カオスへ至る。対称振動，非対称振動のときの k_m の値は，**図５．18**に示した。

また，非対称振動は，周期的分岐を経て，カオスに至ることが，同図のd）に描いた。L. Pellegrini *et al.*（1992）は，管型液相反応器の軸方向拡散のある物質と伝熱の結合したシステムにおいて，出口温度差 $\Delta\theta_N$，実際の変数として，入口温度差 $\Delta\theta_0{}^*$ に PI 制御を適用した。すなわち，

$$\Delta\theta_0{}^* = -k_p\Delta\theta_N - k_I\tau\int_0^{t^*}\Delta\theta_N dt \qquad (5.47)$$

ここに，k_p, $k_I\tau$：制御変数

表５．４　システムパラメータ値

$k_U\tau=59964182$	$E/R=6000.[K]$	$NTU=1.95$
$Pe=Pe_T=5.$	$\Delta Hc_0{}^*/\rho c_p=200.5[K]$	$\theta_e=1.4963$
$\theta_N=1.7593$	$k_p=0.05$	$k_I\tau=.4085$

用いた定数は，**表５．４**に示される。分岐パラメータ $k_I\tau$ の変化によって，通常振動，カオス性など表れ，**図５．19**に示した。また，**図５．20**，**図５．21**，**図５．22**に示されるそれぞれ，出口温度対出口転化率，時間対 LCE（Largest Characteristic Exponent），振動数対パワースペクトラムを示した。特に，図５．21に示される正の値となる LCE の存在は，カオス性をもつことが分かった。花熊克友ら（1996）は，エチレン装置脱メタン塔のサンプリング周期３分での塔底（Bottom）温度とリボイラー流量の運転データを**図５．23**に示し，$\tau=3$ として，Takens 法によって，それぞれのデータの平均値まわりの２次元アトラクターを**図５．24 a）**，**図５．24 b）**のように描き，これによって局部的な予測を行っている。

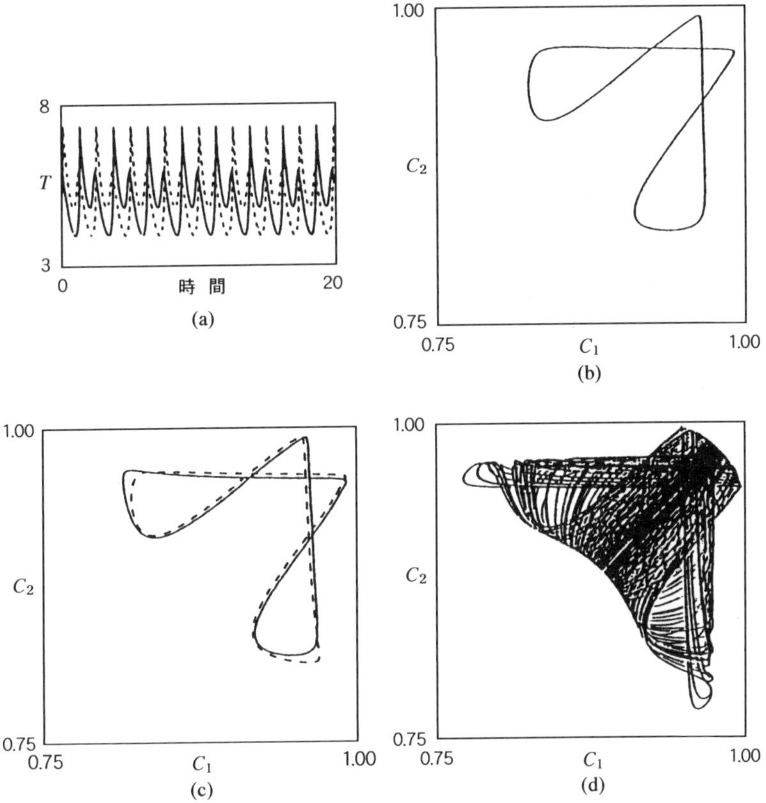

図５．18　複合反応系の自励振動

(a)　対称振動（$k_m=0.260$），　(c)　対称振動（$k_m=0.260$）
(b)　非対称振動（$k_m=0.2805$），(d)　カオス（$k_m=0.285$）

p：周期的　C：カオス的　H：高い周期性
（LCE：Largest Characcteristic Exponent）

図５．19（L. Pellegrini *et al*.（1992））

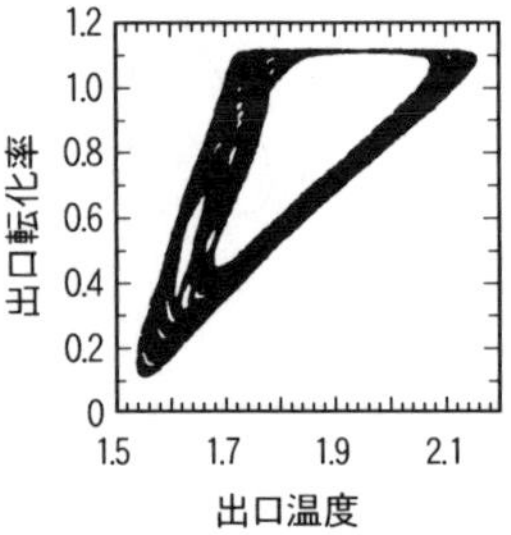

図5．20 (L. Pellegrini *et al*. (1992))

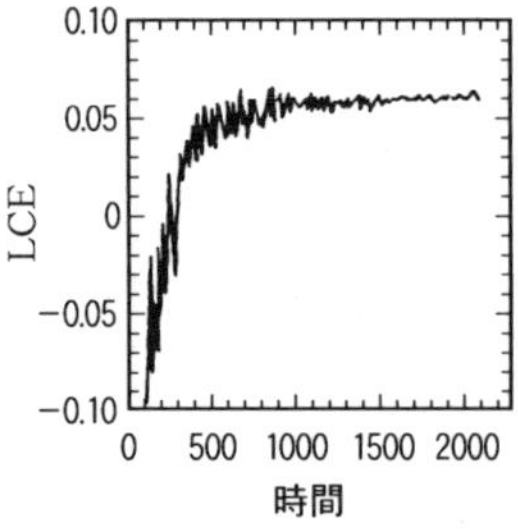

図5．21 LCE : Largest Characteristic Exponent

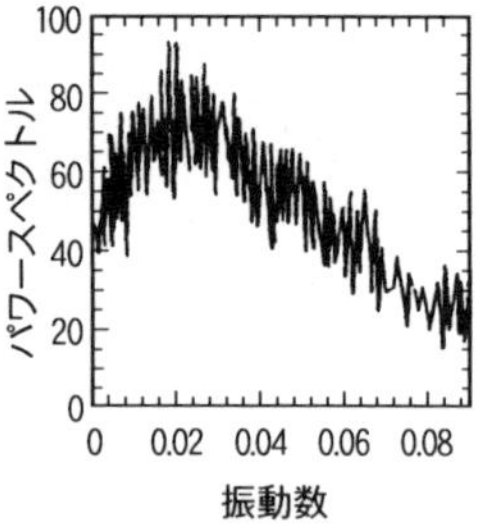

図5．22 (L. Pellegrini *el at*. (1992))

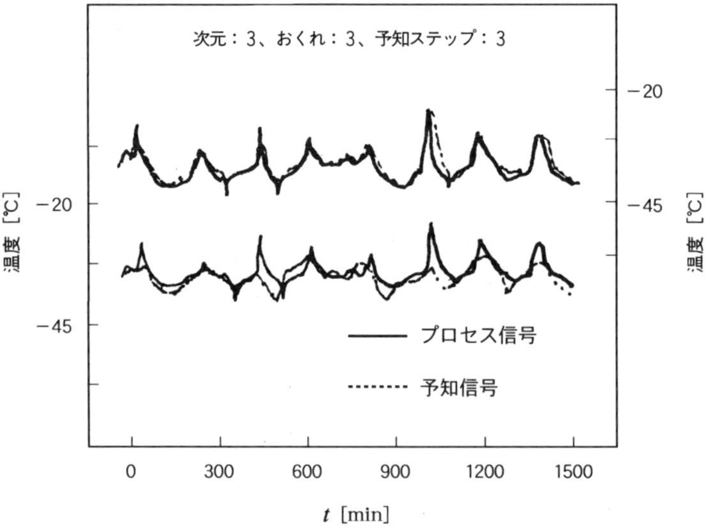

図5．23　カオス性時系列による塔底温度の予知 (花熊克友ら (1996))

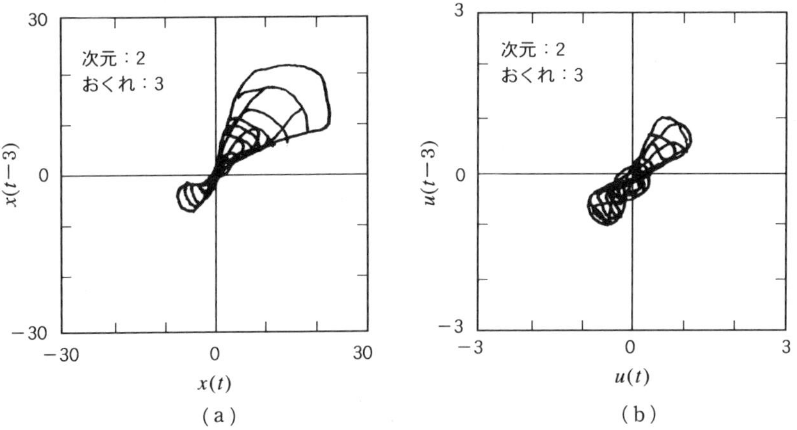

図5．24　a）$\tau=3$ における塔底温度の2次元アトラクター（花熊克友ら（1996））
b）$\tau=3$ におけるリボイラ流量の2次元アトラクター（花熊克友ら（1996））

5．6　フラクタル次元と構造安定性

非線形現象で，カオスであるストレンジ・アトラクターは，自己相似性を一部に含むフラクタルと呼ばれる性質をもっている。フラクタル次元は，カオスの基本的な量と考えられる。フラクタル次元は，たとえば，観測する大きさとその大きさで観測されるものの個数 $N(\varepsilon)$ の比をとり，その比が観測の大きさ ε の変化に対して一定の値になるとして，$\ln N(\varepsilon)/\ln(1/\varepsilon)$ とおく。

いま，$N(\varepsilon)\propto\varepsilon^{-D}$ の関係があると，

$$D=\lim_{\varepsilon\to 0}\ln N(\varepsilon)/\ln(1/\varepsilon) \tag{5．48}$$

と定義されるDが，フラクタル次元といえる。

このような例は，血管網，心臓のように，細胞体から樹状突起が分岐している図面の次元を見るとき，自己相似性を含めたフラクタル解析は有用である。個体は，器官（神経組織，筋肉組織ら）の系統が全体として統合されて成り立つ機能統合体である。その成立において，フラクタルである。生体の構成単位

は細胞であり，細胞の集団が組織形成し，一定の機能を担っている。通常のコッホ曲線とカントル集合（Cantor Set）は自己相似図形であり，これの次元としての相似次元とは，自己相似図形に与えられる正の数で，通常の次元の拡張である。B. Mandelbrot（1982）によって提唱されるフラクタル幾何学について，散逸かつ非保存系のカオスでは，相空間体積は時間経過とともに減少し，アトラクターの体積は0となる。このとき，ストレンジ・アトラクターは正のリアプノフ数の方向に引き寄せられ，非線形性により折りたたみを繰り返す結果，カントール集合的な構造をもつ。

自己相似図面の概念に従って，フラクタル次元を求める。いま，半径 ε の球体，球体の数 $N(\varepsilon)$ の容量次元の大きさ D_c は，次のように定義される。

$$D_c=\lim_{\varepsilon\to 0}\frac{\log N(\varepsilon)}{\log(1/\varepsilon)} \qquad (5.49)$$

位相空間の点 x_i において，点状の次元 D_p は，球内の点数 $N(r)$，点を見いだす確率 $P(r)=N(r)/N_0$（N_0：軌道内の全点数）とするとき，次のように定義される。

$$D_p=\lim_{r\to 0}\frac{\log P(r;x_i)}{\log r}=\lim_{r\to 0}\frac{\log(1/M)\sum P(r)}{\log r} \qquad (5.50)$$

実際には，軌道における全数 $N_0=10^3\sim10^4$ のとき，点の集合 $M(<N_0)$ は，$10^2\sim10^3$ となる。

P. Grassberger，I. Proccacia（1984）は，フラクタル次元の尺度に相関次元を推奨している。長島知正ら(1990)は，P. Grassberger および I. Proccacia の相関次元 D_G を求める方法について，相関積分 $C(r)$ を次のように記述している。

$$C(r)=\frac{1}{N^2}\sum_i^N\sum_j^N H(r-|x_i-x_j|) \qquad (5.51)$$

ここに，1対の点 (x_i, y_j) の間の距離が $|x_i-x_j|$ であり，H は階段関数であり，

またベクトル $\mathbf{x}_i$ は，時系列 $\{x_i\}$ から次式で与えられる。

$$\mathbf{x}_i=(x_i, x_{i+\tau}, \cdots, x_{i+(d-1)\tau}) \tag{5. 52}$$

もし，時系列データから，ストレンジ・アトラクターが作られるとして，r は小さい所で，$C(r) \propto r^{DG}$（D_G：相関次元）とおけるすると，D_G が求まる。すなわち

$$D_G=\lim_{r \to 0}\frac{\log C(r)}{\log r} \tag{5. 53}$$

いま，N 個のセルに，点数 N_i を見出す確率 P_i は，集合の全数 N_0 として，次のように表される。

$$P_i=N_i/N_0, \quad \sum_i^N P_i=1 \tag{5. 54}$$

このとき，情報エントロピーHは次のように定義される。

$$H(\varepsilon)=N_i/N_0, \quad \sum^N P_i=0 \tag{5. 55}$$

これについては，2章で触れた。

小さいサイズ ε のとき，情報次元 D_I として

$$H(\varepsilon) \fallingdotseq D_I \log_2(1/\varepsilon) \tag{5. 56}$$

とおけるので，D_I について次のように定義できる。

$$D_I=\lim_{\varepsilon \to \infty}\frac{H(\varepsilon)}{\log(1/\varepsilon)}=\lim_{\varepsilon \to \infty}\frac{\sum P_i \log P_i}{\log \varepsilon} \tag{5. 57}$$

これらのフラクタル次元の間には，次の関係が成立する。

$$D_G \leq D_I \leq D_c \tag{5. 58}$$

相関次元 D_G は，自己相関関数の積分から求め，計算は容易である。

情報次元 D_I は，1次情報エントロピーから計算される。単一のフラクタル構造でないとき，q 次情報次元に関連したマルチフラクタルが用いられる。容量次元 D_C は，n 次元球を含む最小限の個数から求められる。時系列データのカオス的な解析を行うとき，フラクタル次元を考えるとき，そのフラクタル次元は，系の不変量であり，系の時間的不変性を仮定している。このため，時系列データ数の少ないときとか，各統計量が時間的に激しく変動するとき，データ点数 N は相関次元 D_G とすると，$N \geq 10^{D_G}/2$ とされる（S. Newhouse *et al*. (1978)）。

［例題5．2］ 式（5．42）に示される Rössler 方程式より，フーリエ・スペクトラムを計算し，周波数の解像力 Δf に対して，その長さ $L(\Delta f)$ は，次の関係にあることが分かった。

$$L(\Delta f) \propto a \cdot \Delta f^{1-d}, \quad 1 \leq d \leq 2 \qquad (E\,5.\,4)$$

ここに，a, d：それぞれ定数

フーリエ・スペクトラムがフラクタル集合とすると，$d=1.64$ を得た。このとき，振動はどのように判定されるか（C. Vidal，A. Lafon (1984)）。

［解］ $d=1.00$ のとき通常振動であり，このとき $d=1.64$ であるとき，カオス領域の振動とみなせる。

経済や社会現象の大きなトレンドは，多数の投資家の全体的な振る舞いが反映しており，内在する機構が，その複雑にみえる振る舞いを表面化していると思われる。たとえば，プロ野球の中日—阪神戦の予想のために，両チームの貯金数（勝率5割のとき，0とする）の時系列データを，**図5．25**に示す。両チームには，特に目立つ選手は少ない。いずれのチームが勝つかを，予測できるであろうか。

いま，相関次元 D_G を用いて解析するとする。松葉育雄(1994)に従うと，時系列データから，n 次元のベクトル $\mathbf{X}_j=\{X(t_j), X(t_{i+1}), \cdots, X(t_{i+n-1})\}$ を構成し，$X(t)$ $(0 \leq t \leq M-1)$ を時刻 t におけるデータ列として，T. Higuchi (1988) の方法に従って，時刻 k からの時間間隔 t にあるデータの折れ線の長さを，$\Delta_k(t)/t$ とする。このとき，$\Delta_k(t)$ は，次式で表される。

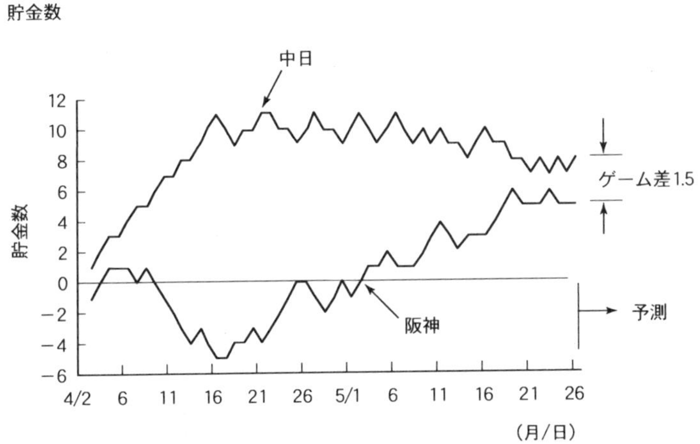

図5．25　プロ野球における中日，阪神の両チームの貯金数の時系列

$$\Delta_k(t)=\{(M-1)/L_t\}^{-1}\cdot\sum_{i=1}^{(M-k)/t}|X(k+ik)-X(k+(i-1)t)| \qquad (5.59)$$

ここで，$L_t=[(m-1)/t]_t$。

$\Delta_k(t)$ の k についての平均を $\Delta(t)$ で表し，$\Delta(t)/t\propto t^{-D_G}$ として，フラクタル次元とスペクトラム $S(f)(\propto 1/f^{\beta})$ の次元 β の間に，$\beta=5-2D_G$ の関係（$1\leq D_G\leq 2$）としている。ここで f：周波数。

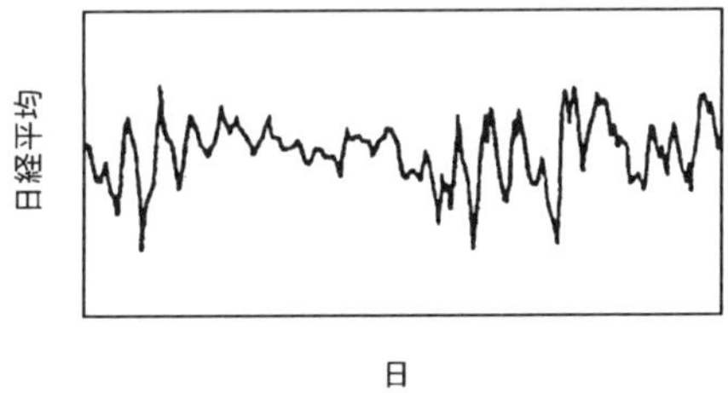

(移動平均値からのずれを表示)

図5．26　日経平均のフラクタル次元
(松葉育雄（1994))

図5．26に，日経平均の日々のデータの移動平均値からのずれを示した。時間（日）$t=7$ あたりを境にして，2種類のフラクタル次元が存在するようである。この場合は，**図5．27**に示すように，$1\leq t\leq 7$ では，$D_G=1.59$，$7\leq t$ では，$D_G=1.98$ が得られる。松葉育雄（1994）は，ニューラルネットワーク，たとえば，ネットワーク(B)では，入力，中間，出力各層のニューロン数を14，13，7とし，中間層のサイズはともにAICで決定し，ネットワークの最適化を行って，予測の良否を調

べている。予測の信頼度を，実際のデータと予測したデータの傾向と，これらを５つのカテゴリーの分類で一致したかを判断し，一致した割合を％で表した。このとき，カテゴリーとして，単調上昇，上昇後下降，変化なし，単調下降，下降後に上昇の５つに分類した。**図５．28**に示されるように，ランダムなデータに対する信頼度は，20％で予測し得る。

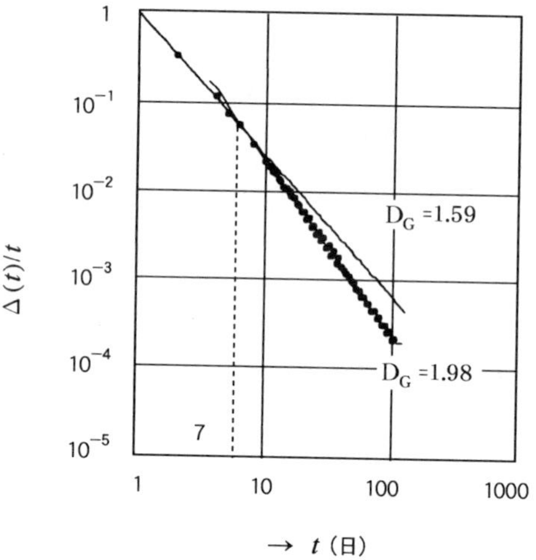

図５．27（松葉育雄（1994））

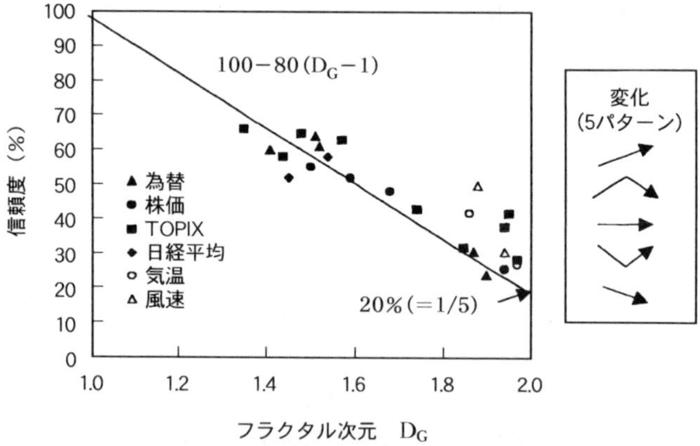

図５．28　予測の信頼度とフラクタル次元の関係（松葉育雄（1994））

リアプノフ指数は，アトラクターにおける軌道が分散するか，収束するかの目尺を与え，アトラクターのある点での初期条件の小さい球が，時間とともに変形することが想像できる。F. C. Moon (1992) によると，リアプノフ指数に基づくフラクタル・アトラクターの計算において，2次元写像の次元 D_L (Hausdorff 次元) は，次のようになる。

$$D_L=1+\frac{\log\mu_1}{|\log(1/\mu_2)|}=1-\frac{\Lambda_1}{\Lambda_2} \tag{5.60}$$

ここに，Λ_i：リアプノフ指数，μ_i：リアプノフ数で，$\Lambda_i=\log\mu_i$, $(i=1, 2, \cdots, N)$

3次元のとき，$\mu_1 \cdot \mu_2 \cdot \mu_3<1$ として，ストレンジ・アトラクターについて

$$D_L=2+\frac{\log\mu_2}{|\log(1/\mu_3)|}=2+\frac{\Lambda_1}{|\Lambda_3|},\ \mu_1>\mu_2>\mu_3 \tag{5.61}$$

一般に

$$D_L=k+\frac{\log(\mu_1 \cdot \mu_2 \cdot \cdots \cdot \mu_k)}{|\log(1/\mu_{k+1})|}=k+\frac{\sum_{i=1}^{k}\Lambda_i}{|\Lambda_{k+1}|} \tag{5.62}$$

このとき，$\mu_1 \cdot \mu_2 \cdot \cdots \cdot \mu_k \geq 1$ であり，$\mu_1>\mu_2>\cdots>\mu_k$ である。また，リアプノフ指数によって表示されるフラクタル次元は，次の条件を満足する。

$$D_L \leq D_c \tag{5.63}$$

高安秀樹ら(1998)に従うと，フラクタルの画像処理への応用として，①　複雑性の尺度，フラクタル次元を用いた多重分解能的な画像処理，②　自然景観の自然なモデル化，③　図形，画像の高能率な符号化法，があげられる。実際の画像処理に現れる図形には，自己相似性が成立しないことが多い。このとき，ハウスドルフ (Hausdorff) 次元，ボックス (box counting) 次元が用いられる。パターンの空間部分の疎密を区別するのに，マルチフラクタル次元が優れていると述べている。すなわち，図形を一辺の長さ s の単位図形で分類し，1, 2,…, $N(s)$ をその番号とし，それぞれの単位図形に確率 $P_i(s)$ を割り当てる。このとき，$\sum_{1}^{N(s)} P_i(s)=1$ の関係が成立するとする。

マルチフラクタル次元 $D(q)$ は，実数 q に対して，次のように定義される。

$$D(q)=\lim_{s\to 0}(q-1)^{-1}\cdot\log_2\sum_{1}^{N(s)}[P_i(s)]^q/\log_2 s \qquad (5.\ 64)$$

ここに，$s>0$，$s\neq 1$．

このようにして，確率系を任意に選ぶことができ，たとえば，全画像面に対する部分画像画の画像面積などで，確率 $P_i(s)$ を定義とすると，テクスチャー画像などが容易に得られる特長がある。最近は，フラクタル理論に基づく画像符号化が，実用化に入っている。この手法に，フラクタル・ブロック符号化法，IFS（反復関数システム）符号化などが考案されている。図5．29にフラクタル符号化の概略を示した。

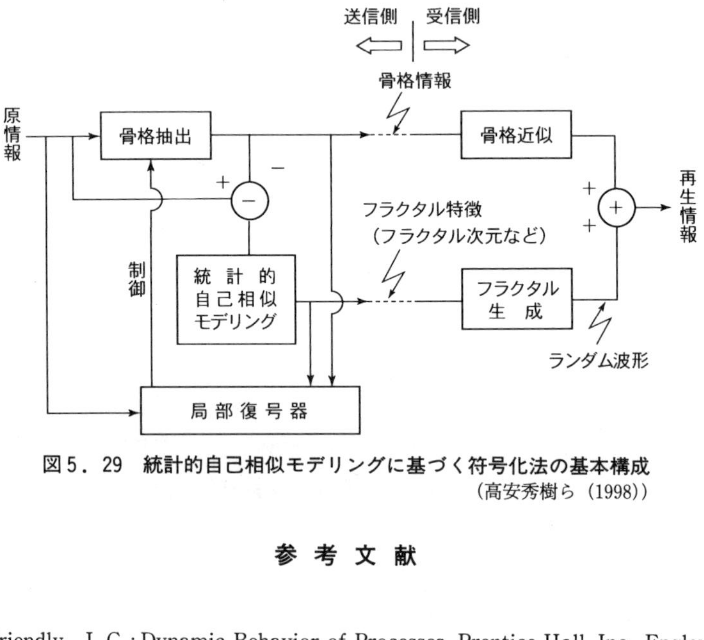

図5．29　統計的自己相似モデリングに基づく符号化法の基本構成
（高安秀樹ら（1998））

参 考 文 献

1）Friendly, J. C.: Dynamic Behavior of Processes, Prentice-Hall, Inc., Englewood Cliffs, New Jersey (1972)

2）Giona, M.: Fundamental Reconstraction of Oscillating Reaction Prediction and Control of Chaotic Kinetics, *Chem. Eng. Sci.*, **47** (9-11), 2469-2474 (1992)

3）Grassberger, P., I. Proccacia.: Dimensions and Entropies of Strange Attractors from Fluctuating Dynamics Approach, *Physica*, **13D**, 34-54 (1984)

4）Gray, P., S. K. Scott : Chemical Osccilations and Instabilities-Nonlinear Chemical Kinetics, Clarendon Press, Oxford (1990)

5）花熊克友，中矢一豊，竹内健史，佐々木隆志：カオス的時系列解析による非線形プロセスのモデリング法，化学工学論文集，**22** (5)，991-995 (1996)

6）Higuchi, T. : *Physica* D, **31**, 277-283 (1988) (合原一幸編著：応用カオス―カオスそして複雑系へ挑む，p.185，サイエンス社 (1994))

7）廣松　毅，浪花貞夫，経済時系列分析，朝倉書店 (1990)

8）Hudson, J. L., O. E. Rössler：Chaos in simple three-and four-variable Chemical Systems. In *Modeling of patterns in space and time,* (ed, Jäger, W. and J. D. Murray), Springer. Berlin (1984)

9）Kaplan, J. L., J. A. Yorke : Chaotic Behavior of Multidimensional Difference Equations (H. . O. Peitgen, H. O. Walter (eds.) : Functional Differential Equations and the Approximation of Fixed Points, Lecture Notes in Mathematics, Vol. **730**, pp.204-227, Springer, Berlin (1978))

10）木本昌秀：5．天気予報とカオス（合原一幸編著：応用カオス―カオスそして複雑系へ挑む，4編，313-324，サイエンス社 (1994))

11）Larter, R. : Sensitivity Analysis－A Numerical Tools for the Study of Parameter Variations in Oscillating Reaction Models (Nicols, G., F. Baras (eds.)) : Chemical Instabilities－Application in Chemistry, Engineering, Geology and Materials Science, pp.59-66, D. Reidel Publishing Co., Dordrecht (1984))

12）Lynch, D. T. : Chaotic Behavior of Reaction Systems : Mixed Cubic and Quadratic Autocatalysis, *Chem. Eng. Sci.*, **47** (17/18), 4435-4444 (1992)

13）Mankin, J.C., J. L. Hudson : Oscillatory and Chaotic Behavior of a forced exothemic Chemical Reaction, *Chem. Eng. Sci.*, **39**, 1807-1814 (1984)

14）松葉育雄：**5**．カオスと予測（合原一幸編著：応用カオス―カオスそして複雑系へ挑む，**3**編，181-191，サイエンス社 (1994))

15）Moon, F. C. : Chaotic and Fractal Dynamics－An Introduction for Applied Scientists and Engineers, John Wiley & Sons, Inc., New York (1992)

16）Morbidelli, M. A., A. Varma, R. Aris : Reactor Steady-state Multiplicity and Stability (Carberry, J. J., A. Varma (eds.) : Chemical Reaction and Reactor Engineering, Chap. **5**, pp.973-1054, Marcel Dekker Inc., New York (1987))

17）長島知正，永井喜則，萩原利彦，土屋尚：時系列データ解析とカオス，計測と制御，**29** (9)，839-845，(1990)

18）Moon, F. C. : Experiments on Chaotic Motions of a Forced Non-linear Oscillator : Strange Attractors, *ASME J. Appl. Mech.*, **47**, 638-644 (1980)

19）Newhouse, S., D. Ruelle, F. Takens : Occurrence of Strange－Axiom A Attractor

Near Quasiperiodic Flow on T^m, $m \geq 3$, *Commun. Math. Phys.*, **64**, 35-40 (1978)
20) Packard, N. H., J. P. Crutchfield, J. D. Farmer, R. S. Shaw : Geometory from a Time Series, *Phy. Rev. Lett.*, **45**, 712-717 (1980)
21) Pellegrini, L., S. Albertoni, G. Biardi : The Occurrence of Chaos in a Tubular Reactor with Axial Diffusion, *Chem. Eng. Sci.*, **47** (9/11), 2463-2468 (1992)
22) Razón, L. F., S-M. Chang, R. A. Schmitz : Chaos During the Oxidation of Carbon Monoxide on Platinum-Experiments and Analysis, *Chem. Eng. Sci.*, **41** (6), 1561-1576 (1986)
23) Saltzman, B. : Finite Amplitude Free Convection as an Initial Value Problem-I, *J. Atmos. Sci.*, **19**, 329-341 (1962)
24) 佐野雅巳：**3．**カオスの構造とフラクタル（高安秀樹編著：フラクタル科学，58-116 朝倉書店（1987））
25) Stewart, I. : Does God play Dice ? : The Mathematics of Chaos (1989), Penguin Books, England（共訳，須田不二夫，三村和男：カオス的世界像－神はサイコロ遊びをするか？，白揚社（1992））
26) Swinney, H. L., J. C. Roux : Chemical Chaos, Non-equilibrium Dynamics in Chemical Systems (C. Vidal, A. Pacault (eds.)), pp.124-140, Springer Verlag, Heidelberg (1984)
27) 高安秀樹，金子比呂氏，荒川賢一，斉藤隆弘：**2．**7画像符号化への応用（中嶋正之監修：先端技術の手ほどきシリーズ―映像情報メディア学会編，複雑系の理論と応用，pp.45-78，オーム社（1998））
28) Takens, F. : Detecting Strange Attractors in Turbulent in Dynamical Systems and Turbulence (Rand, D. A. and Young, L. S. (eds.), Springer V., Berlin (1981)
29) Thom, R. : Structural Stability and Morphogenesis, (Flowe, D. W., translated), Benjamin Reading, UK (1975))
30) Thomson, J. M. : Instabilties and Catastrophes in Science and Engineering, John Wiley & Sons, (1982)（吉澤修治，柳田英二訳；不安定性とカタストロフ，産業図書（1985））
31) 都甲　潔：**8．**カオスで味を測る（合原一幸編：応用カオス-カオスそして複雑系へ挑む，pp.228-244，サイエンス社（1994））
32) 東稔節治：プロセスリアクター理論―非平衡系における振動，安定性および最適化，学術出版印刷（1997）
33) Zeeman, E. C. : Catastrophe Theory and its Applications, Pitman, London (1978)

第6章　プロセス制御と運用

6．1　モデル推定と予測

プロセスの時系列データの中には，非周期性を示して，測定値に**あいまいさ**をもつものや，応答信号が非線形で時間遅れを生じ，カオス時系列をもつものがある。真のあいまいさは，科学技術に内在するが，我々が目にする現象には，相互作用を含めて，見かけのあいまいさが含まれている。

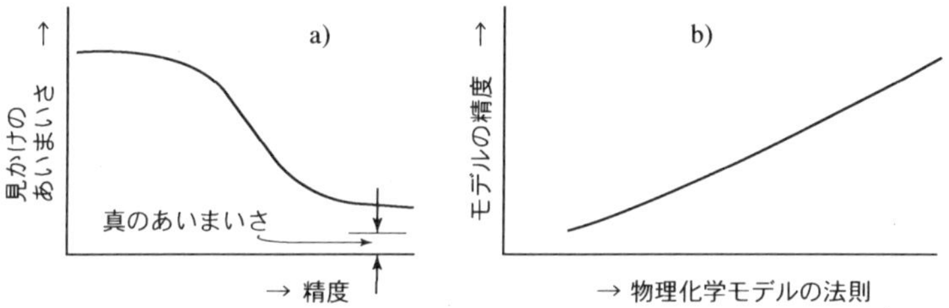

図6．1　見かけのあいまいさを考慮したモデル化

図6．1a)，b)に示すように，現象のあいまいさ（見かけのあいまいさ）は，モデルの精度が向上すると，低くなる。このあいまいさ（別に不確定性ともいう）は，物理化学モデルの法則が増大すると，低い値を示す。しかし，正確なモデルの構築や現象の把握には，多額の経費と時間が必要となり，**図6．2**に示すように，経済コストをも含めたモデルの価値が，目的関数として選ばれ，最適となる精度が決められるのではないだろうか。

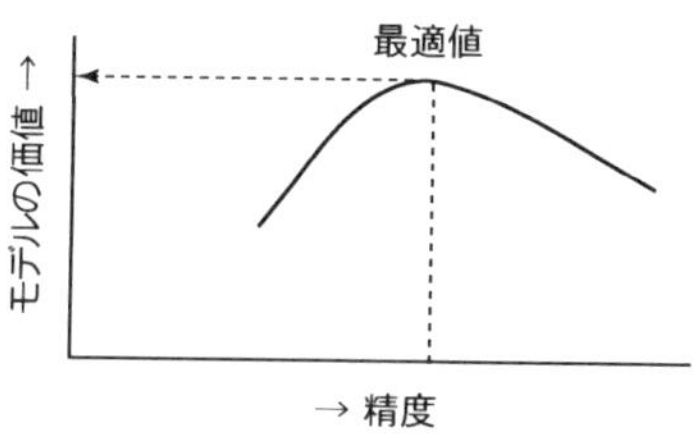

図6．2　モデルの価値と精度

1980年代から始まった知識工学（Knowledge Engineering）は，このあいまいさへの挑戦であり，新しい概念の手法が開発され，実用化に供されている。

それらの中で，**エキスパートシステム**（EP）は，人間でいえば左脳，一方，ファジィ論理（FL），ニューラルネット（NN），遺伝的アルゴリズム（GA）は右脳にあたる。前者，すなわちEPは，直列演算に長け，論理関数とルール(Rule)による理解が主となり，集合論でいうと，クリスプ（Crisp）集合といえよう。後者は，画像処理や多変数制御に適用され，直感的で，例題によって理解する。あいまいさを，メンバーシップ関数や結合係数などで表示するため，ファジィ（Fuzzy）集合といえよう（L. A. Zadeh（1965））。

EP には，演繹法にあたる前向き推論と，帰納法にあたる後向き推論も備わっているが，前向き推論は正確であるが，新しい事実の発見は望めない。後向き推論では，得られた結論には一般性が欠ける（星　岳彦ら（1990））。このことは，従来の EP に，右脳志向であるニューラルネットなどを組み合わせて，その知識獲得の機能を高めてゆくことが要求される（R. R. Yager, L. A. Zadeh（1994））。

あいまいさを含むプロセスとして，流動接触分解（FCC : Fluid Catalytic Cracker）システムを取り上げる。

このプロセスは，原料油（石油の灯油分以上の高沸点分）を分解して高オクタン価ガソリンを製造する装置で，**図6．3**に示される。このプロセスシステムは，分解器としてのライザー反応器（触媒分離塔を含む）と，分解反応で触媒上に析出したコーク（炭素状高分子）を空気で燃焼除去する触媒再生塔の２つの塔からなる。連続操作のため，２塔間で触媒循環させ，各塔の圧力，温度，触媒活性を一定水準に保持して，所要量のガソリンを生産している。また，再生塔廃ガ

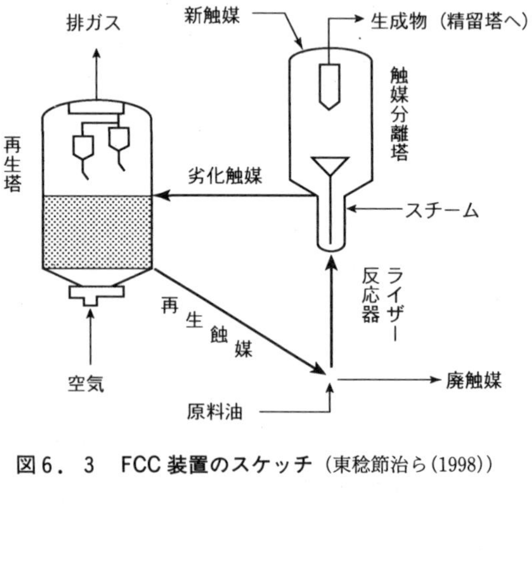

図6．3　FCC 装置のスケッチ（東稔節治ら（1998））

ス中の CO_2/CO 成分の出口比をある値以下にして，２次燃焼を防止している。触媒は，摩耗などの永久劣化が生じるため，年単位では，新触媒を外部から供給し，一部触媒を抜き出し，廃棄している。

このFCCは，温度，圧力，触媒循環流量，流体供給流量など，数多くのアナログ信号のほかに，ポンプ，弁，バルブや送風機器類の正常－異常を検出するディジル信号が加わり，膨大な数の信号処理がなされ，その上に，オペレータの経験による判断が含まれる。

このシステム操作について，知識処理するとき，次の指針基準が与えられるとする。

① ライザー反応器の出口温度および再生塔内温度は，それぞれ420℃，520℃，一定である。

② 各塔の圧力は与えられており，２塔間の触媒循環流量は圧力差の２乗根に比例する。

③ 原料油および空気の流量は決められており，再生塔の出口 CO_2/CO 比はある値以下に制御されている。

このとき，ライザー反応器の反応は図６．４a）に従い，再生塔のそれは図６．４b）で与えられる（東稔節治ら（1998））。

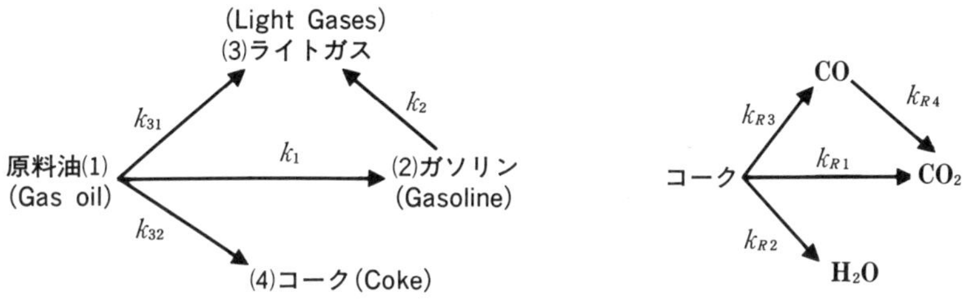

a）分解反応モデル（A. Gianetto *et al*, (1994)）　b）再生反応モデル（S. Tone *et al*. (1972)）

図６．４　FCCにおける分解反応・再生反応（コーク燃焼）モデル

これらの速度には，あいまいさが含まれる。また，粒子混合の仮定として，ライザー反応器はピストン流れ，再生塔では粒子完全混合というように，計算結果にはあいまいさが入ってくる。このとき，数量化しにくい主観的なあいまいさに対して，たとえば，ファジィ理論のメンバーシップ関数を用いたり，客観的（物理的）なあいまいさでは，統計処理やベイズ関数，AHP（階層化意思決定法），カルマンフィルター理論（石田良平ら（1992））などが用いられる。このとき，計測信号の情報処理に，過去の運転データ，オペレータの経験が考慮されることはもちろんである。これらの判断を十二分に行って，プロセスの制御動作（意思決定）がなされる。

プロセス異常さ検出と診断として，J. K. Won, M. Modarres（1998）は，CSTR プロセスの装置部分の異常診断に対して，Bayes 確率を改善し，図６．５のような誤差の少ない推論を得る F-曲線モデルを提案している。

すなわち，各プラントの装置単位の異常さモードの診断に対して，サブプロセスの i 番目の異常さモードを仮説 h_i として，次のような仮説集合Hを設定する。

$$H \triangleq \{h_1, h_2, \cdots, h_m\} \tag{6.1}$$

解析として，事象集合 E（すなわち，結果の事後確率）の下で，異常確率をBayes 法で次のように表示する。

$$P_r(h|E) = P_r(h) \cdot \frac{P_r(\hat{e}_1|h)}{P_r(\hat{e}_1)} \cdot \frac{P_r(\hat{e}_2|h)}{P_r(\hat{e}_2)} \cdots \frac{P_r(\hat{e}_n|h)}{P_r(\hat{e}_n)} \tag{6.2}$$

事象空間Pは，プロセス挙動に基づく事象から成り立ち，次のように定義される。

$$P \triangleq \{e_1, e_2, e_3, e_4 \cdots, \bar{e}_1, \bar{e}_2, \bar{e}_3, \bar{e}_4 \cdots\} \tag{6.3}$$

ここで，e_i は i 番目の事象を表し，負の事象 $\bar{e}_i$ は，事象 e_i の非生起を示す。

$P_r(h|E)$ は，F-曲線モデルに従って，事象集合の尤度（ゆうど）（Likelihood）を用いて推定する。尤度関数（Likelihood function, LF）の結合則を取り扱い，解析者の不確定性を考慮に入れて，原因となるプラント部分からの洩れ，センサーの異常性，遠心ポンプ，配管らの弁異常について診断し，検出することが重要である。プロセスの過酷性（Severity）への接近として，AHP 法を併用する。これらを組み合わせて F-曲線モデルを作成している。

a)

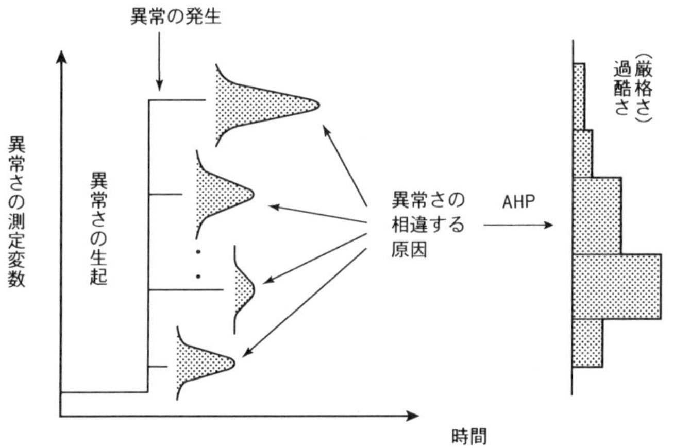

b)

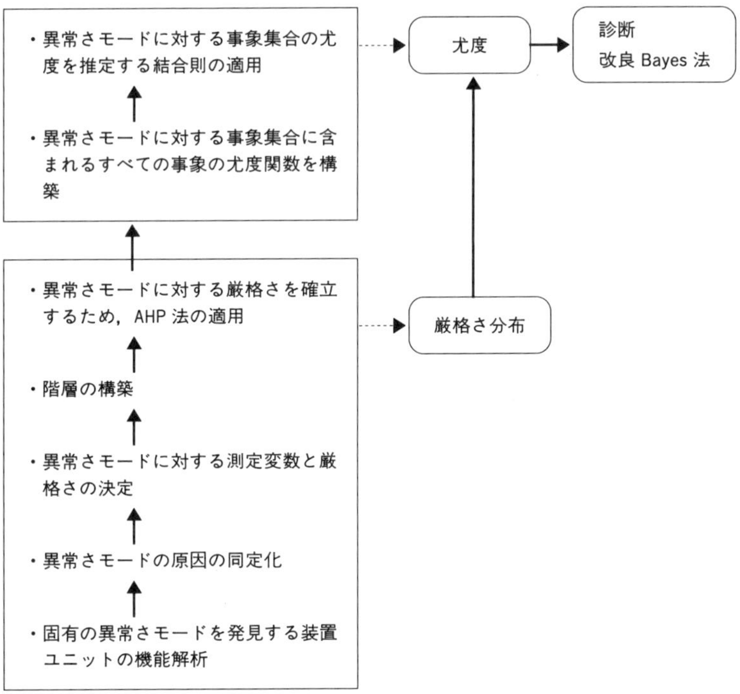

図 6．5　F-曲線モデル（J. K. Won，M. M. Modarres（1998））

谷　哲次（1999）は，石油精製プラントにおける知的制御として，①ニューロやエキスパートシステムによる性状推定，② PID 制御や多変数予測制御などの既存制御とファジィ制御やエキスパートシステムとの複合制御，③ファジィ・ニューロ（Fuzzy Neuro）とエキスパートシステム間の複合制御，の必要性を強調するとともに，今後の技術として，データ・マイニング（Data mining）による知識獲得，カオスによる異常診断，遺伝的アルゴリズムによる非線形最適化計算，を挙げている。

6．2　ファジィ制御

6．2．1　ファジィ推論

ファジィ制御は，図6．6に示すように，あいまいさをもつ入力変数が，**プロダクションルール**（Production rule）と**メンバーシップ関数**（Membership fuction）に基づいてファジィ推論され，制御変数を出力する。また，ファジィ制御は，あいまいさを取り扱うため，熟練オペレータの勘や経験が必要な発酵・培養プロセスに関する報告が多く（菅　健一（1996）），Y. Kitsutaら（1994）は，グルコースからグルタミン酸を生成する発酵プロセスにおいて，①発酵初期にグルコースが多いと収量が低い，②発生する CO_2 の量が多いと培養が阻害される，③収量を上げるためには，発酵中に酵素活性を上げるためのペニシリン添加が有効である，と報告し，ペニシリン添加に対して，

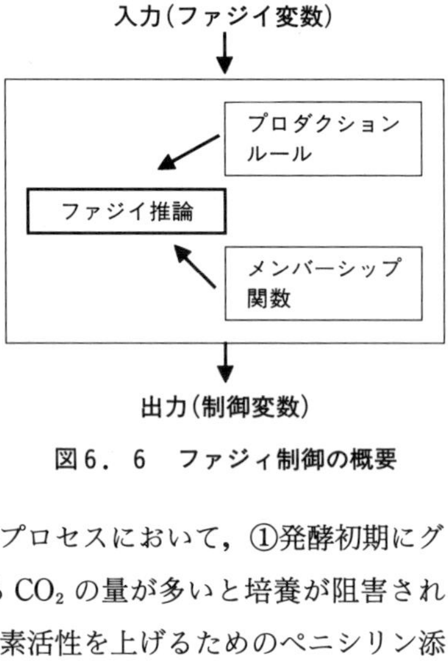

図6．6　ファジィ制御の概要

1. 添加はグルコース濃度が低下した後に実施される。
2. 添加は微生物の代謝活性の回復を示す CO_2 発生レベルの完全な回復が認められて後に実施される。
3. 添加は発酵の3～7時間の間に実施される。

とし，式（６．４）のプロダクションルールを設定するとともに，**図６．７**のメンバーシップ関数を設定している。

If x_1 is Early and x_2 is Low, Then y is YES.　（６．４a）

If x_1 is Late and x_2 is High, Then y is NO.　（６．４b）

ここで，x_1 および x_2 は，時間 T および CO_2 濃度（CE）の時系列データである。また，Early，Late，High，Low，YES（添加），NO（無添加）はファジィ集合で表されるファジィ変数で，それぞれメンバーシップ関数で定義される。

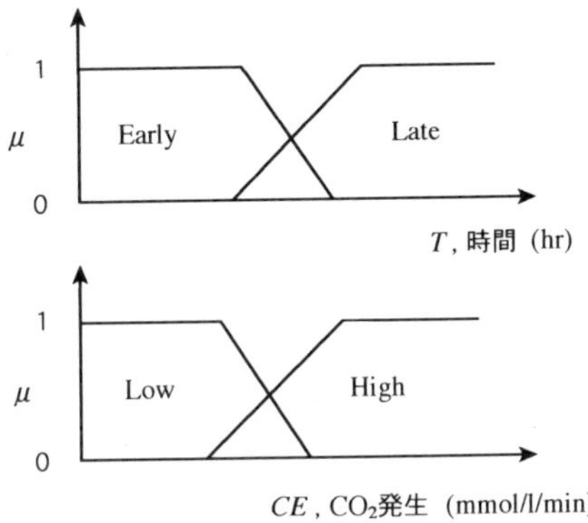

図６．７　ペニシリン添加のメンバーシップ関数（Y. kitsuta *et al.*（1994））

図６．７のメンバーシップ関数では，発酵時間は，初期（Early）レベルと後期（Late）レベルでメンバーシップ関数が交差している。CO_2 発生速度（CE）も同様である。これは，微生物の複雑な挙動・特性を考慮して決定されたものである。

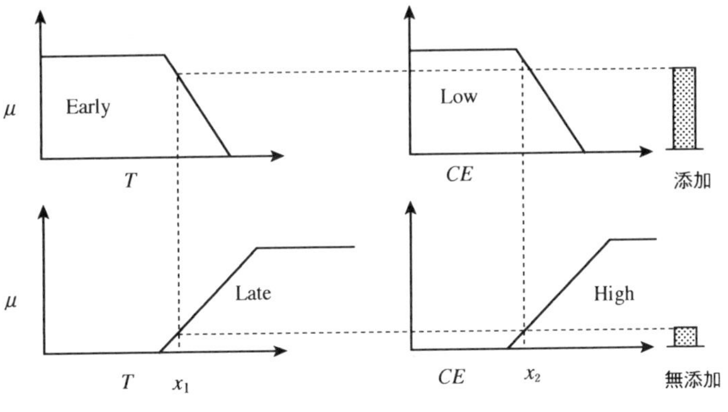

図６．８　ペニシリン添加に関するファジィ推論

図6．8は，ペニシリン添加のための推論が，式（6．4）のプロダクションルールと，図6．7のメンバーシップ関数の組み合わせにより，どのように実施されるかを示したものである。2つの測定データ，すなわち，Tに関しx_1，CEに関しx_2のそれぞれの入力に対し，まず，式(6．4 a)のメンバーシップ関数を求め，その最小値を適合度ω_1とする。次いで，Then以下のメンバーシップ関数とω_1の論理積を計算し，$\mu_1(y)$とする。同様に，式(6．4 b)において$\mu_2(y)$を求め，推論結果は，$\mu_1(y)$，$\mu_2(y)$の大きい方の値が，ペニシリンの添加量になる。

図6．9は，ファジィ推論により，Y. Kitsuta *et al*. (1994) が実験で実施したペニシリン添加の手順である。グルコース濃度の速やかな減少（CO_2発生の減少）が始まる発酵時間は6 h 57minとなり，制御装置はグルコースの欠乏を感知し，ペニシリン添加の推論を開始する。そして，7 h 9minで添加を終了している。

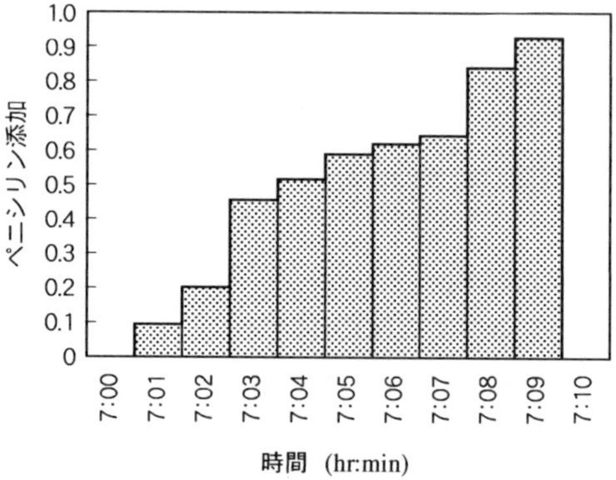

図6．9　ペニシリン添加のファジィ推論結果
(Y. Kitsuta *et al.* (1994))

この実験ではペニシリン添加操作だけでなく，発酵を正常に保つために糖蜜（グルコースとみなす）およびNH_3添加をファジィ推論で決定し，最終グルタミン酸濃度73g/l，糖消費に対する収率59％を得ている。

このファジィ制御は，PID制御の最適値と比べほとんど遜色のない結果を示している。図6．10はこのファジィ制御における生成物分布である。グルコース濃度が低下する約7時間後にペニシリンが添加されると，微生物活性は上昇し，グルタミン酸の生成が始まる。また，炭素源として糖蜜を添加することにより，グルコースの減少分を補うことができる。

ファジィ制御は，あいまいさが多い発酵プロセスへの適用例が多く，菅　健一（1996）は，硫加培養系によるグルタチオンの生産に適用している。この培養では，グルコース濃度が高すぎると，クラブトリー効果によって，副生成物であるエタノールを生産し，対グルコース収率が低下する。そのため，エタノール生産が起きる臨界点付近にグルコース濃度を制御するため，フィードバック制御にファジィ推論を組み合わせ，エタノール濃度を設定値に保っている。最近，ソフトコンピューティングとして，ファジィとニューラルネットワークの組み合わせが提案されている（R. R. Yager, L. A. Zadeh(1994)）。

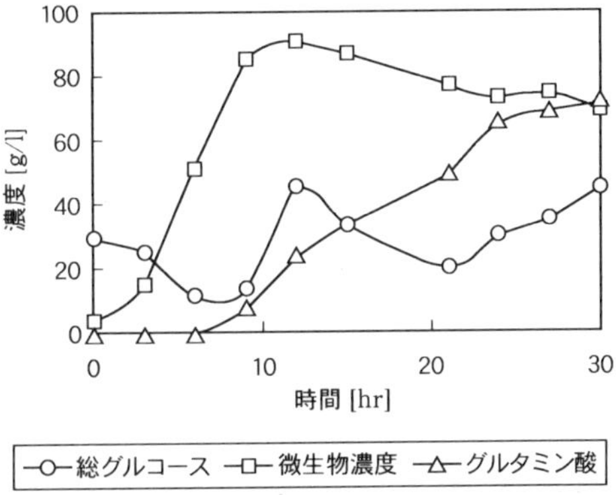

図6．10　ファジィ制御における培養実験の時間コース（Y. Kitsuta *et al*. (1994)）

菅野道夫（1988）は，ファジィモデルに基づくファジィ制御器の設計において，プラント法則の数だけ制御規則が作られるが，推論法において重み付き平均法を提案し，プラントの出力が ARMA モデルに従うとき，6 個のプラント法則からなる 2 入力，2 出力プラントのファジィ制御法について，具体例を述べている。

［例題 6．1］ 入力 u，出力 x とすると，プラントは，ARMA モデルとして，次式で表される（山本　拓（1988））。

$$x_k = 0.75x_{k-1} + u_k + 0.5u_{k-1} \qquad (k=1,2,\cdots,n) \qquad \text{(E 6. 1)}$$

いま，出力 x_k を目標値 $\hat{x}_k$ に近づける定値制御を考える。このとき，ファジィ制御器設計のアルゴリズムを提案せよ。なお，式（E 6．1）による x_k 対 k の時系列データは，**図 E 6．1** に示される。ファジィ規則は，$A_i(i=0,1)$，B_i $(i=0,1)$ である。

［解］ いま，フラント法則が，次のようにファジィ制御規則で表現されるとする。

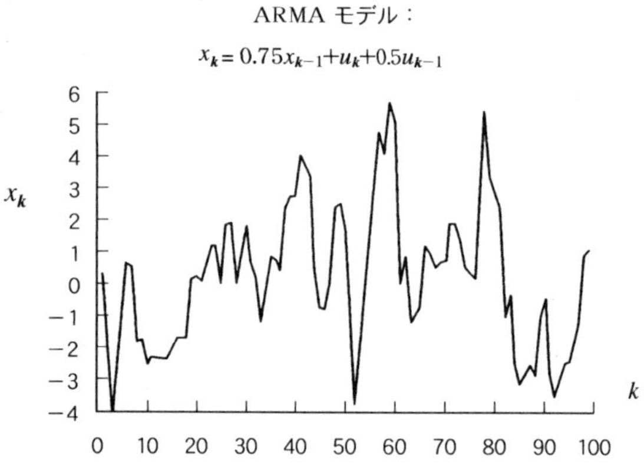

図E 6．1　プラント時系列データ（山本　拓（1988））

If $x_k{}^0 = A_0$,　$x_{k-1}{}^0 = A_1$,　$u_k{}^0 = B_0$,　$u_{k-1}{}^0 = B_1$,

Then　$x_k{}^0 = 0.75x_{k-1}{}^0 + u_k{}^0 + 0.5u_{k-1}{}^0$　（E 6．2）

ファジィ制御器の出力の推論結果を $u_k{}^0$ として，プラントの出力を $x_k{}^0$ とすると

$$x_k{}^0 = 0.75x_{k-1}{}^0 + u_k{}^0 + 0.5u_{k-1}{}^0 \quad \text{(E 6. 3)}$$

となる。出力 $x_k{}^0$，入力 $u_k{}^0$ がプラントの応答になるよう，制御規則に従って，操作をすることになる。このとき，入力は，操作条件について，メンバーシップ関数が設定されているとする。

例題E 6．1では，時系列に対してARMAモデルを用いた。化学プロセスの制御法として，対象モデルのモデリング，実用性の課題がある。このとき，ファジィ制御に限らず，後に述べるニューラルネット(NN)による学習制御，遺伝的アルゴリズム (GA)，カオス制御があり，非線形プロセスに対して，ファジィモデリングは，モデル構造が複雑なとき，制御系設計には適用が容易でない。また，プロセス信号をARモデル，ARMAモデルなどの推定残差列について，現時点とmステップ過去のモデル推定残差列の分散を求め，検定して，モ

デル同定化する手法があるが，このとき，異常信号検定に対して，ウエーヴレット解析，アトラクター解析の必要性を，花熊克友（1997）は指摘している。モデル推定残差列について，対数尤度関数で評価するAIC（赤池弘次，北川源四郎（1995））の手法が有効となる。

6．2．2　データの再構成

実際に得られる時系列データが，決定論的カオスであるとき，集合 $\{x_i\}$ から再構築するのに，Takensの**埋め込み法**が適用できる。サンプリング時間を t とし，遅れ時間を τ とすると，**図6．11**のように，時間遅れを利用して，1次元より3次元のデータに変換でき，3次元のアトラクターを描くことができる。

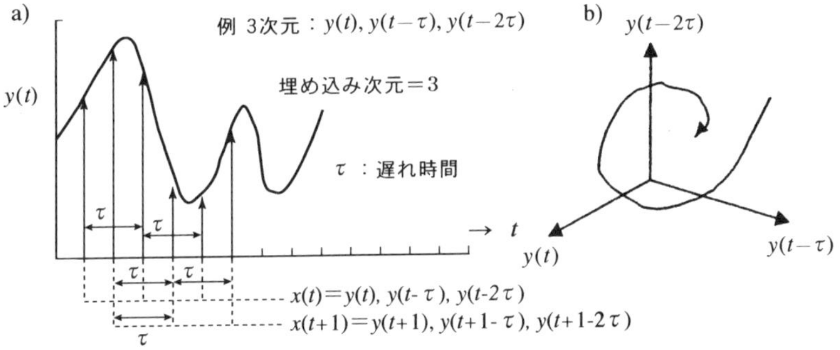

図6．11　ターケンスの埋め込み法による時系列の再構成状態空間

ファジィ法則に従うと，データスペクトル $X=\{x(i),x(i-\tau),\cdots,x(i-(n-1)\tau)\}$ の予測について，$x(i)$ の s ステップ後の状態 $x(i+s)$ への変化は，If～Thenの言語的表現で表すことができる。

$$\text{If } x(T) \text{ is } x(i),\quad \text{Then } x(T+s) \text{ is } x(i+s) \tag{6．5}$$

ここで，$x(T)$：n 次元再構成状態空間におけるデータスペクトルを表す集合，$x(T+s)$：$x(T)$ の s ステップ後のデータスペクトルを表す集合，n：埋め込み次元数，τ：遅れ，とする。

実際は，観測データ $y(i)$ を得て，$x(i)$ としているが，$y(i)$ は $x(i)$ の近傍のデータスペクトルである。この意味では真の値であり，$y(i)$ は観測データであり，ノイズを含むものである。

従って，n 次元再構成状態空間における $y(i)$ から $y(i+s)$ への変化は，

$$\text{If } y(T) \text{ is } y(i), \ \text{Then } y(T+s) \text{ is } y(i+s) \tag{6. 6}$$

として書ける。

6．3　ニューラルネットワークによるプロセス制御

6．3．1　ニューラルネットワークのアーキテクチャー（Architecture）

このニューラルネットワーク（NN）は，人間の脳神経回路の情報処理機能を模倣したもので，シナプス（synapse）からなるニューラルネットをユニットと考え，エキスパートシステムが左脳（論理，ルールによる理解）と考えると，ニューラルネットは右脳（経験，直感，例題による理解）の活用といえる。

D. E. Rumelhart *et al.* (1986)，J. L. McClellank *et al.* (1998) は，図 6．12 **a**）の階層型のネットワークを用いた誤差逆伝播学習（Back Propagation, BP 法）法を提案し，多くの研究者たちが利用している。このうち，C. P. Chitra (1993) は，高分子の全売上げ高を，インフレーション，食品生産，中間

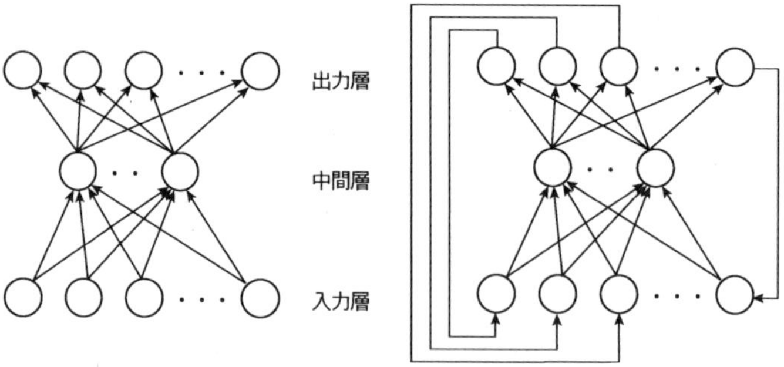

a）階層型ネットワーク　　b）リカレントネットワーク

図 6．12　ニューラルネットワークの代表的構造

製品生産，消費者製品生産らのインデックスを考慮して，階層型ネットワークを用いて，入力層7，中間層5，出力層1ユニットとして，運動量係数0.6-0.9，学習係数0.6-0.9，許容誤差量（収束の判定誤差）10^{-4}として計算し，既往の統計時系列モデルでは，誤差標準偏差75に対し，NNモデルによる予測では40となり，予測精度が上昇し，図6．13のように良い一致を得ている。

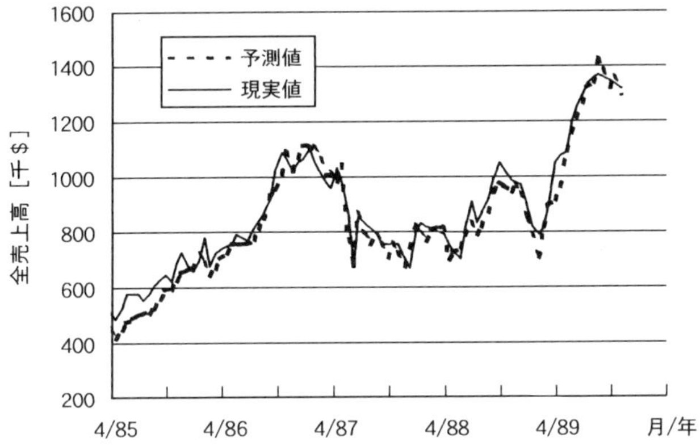

図6．13　高分子全売上高の時系列解析（S. P. Chitra（1993））

ニューラルネットは，学習回数が多く，大容量の外部記憶装置を必要とし，計算時間が長くかかる欠点をもっている。J. Zhao *et al.*（1998）は，水添分解プロセスの動力学異常診断において，ウエーヴレット・シグモナイド基底関数（WSBF）を用いて，多峰性曲線のとき，通常のシグモナイド基底関数（SBF）より演算が容易となり，ニューラルネットの応用性が高まるとしている。また，化学プロセスの制御，診断，センサー取り替えにおいて，ニューラルネットの有用性が報告されている［E. C. Martinez *et al.*（1998）；G. M. Scotto *et al.*（1993）；V. N. Reddy *et al.*（1998）；Y. Yao, K. Kwon（1999）；T. J. Van der Walt, J. S. T. Van Deventer（1993）］。

階層型のネットワークは，入力信号を各層で次々空間的に変換してゆくために，時間的な関係を同時に扱うことが困難である。時系列解析では，サンプリング時間の関係が重要となり，フィードバック結合や，後ろから結合できるアーキテクチャーが要求される。J. J. Hopfield (1984) は，これらが可能となるリカレント (Recurrent)・ニューラルネットワークを提案した。このアーキテクチャーは図6．12 b)に示され，たとえば，リカレントニューラルネットワークは，生物ヤリイカの巨大軸索を対象としたHodgkin－Huxley方程式(川人光男 (1996)) を用いて，神経回路のカオス動力学の解析に利用できる。佐藤雅昭 (1993) は，結合係数の推定にBP法を用い，カオス動力学の学習にリカレント・ニューラルネットを適用し，非線形動力学ユニットをモデルで表し，各ユニットの時定数を求めている。

6．3．2 リカレント・ニューラルネットによる時系列解析

信号の観測データ $y(t)$ と時間 t との関係の一例を図6．14に示す。このデータを解析するとき，入力の操作変数 $u_i(t)$ $(i=1,\cdots,m)$，現在までの測定変数 $y_j(t)$ $(j=1,\cdots,n)$，プロセスの予測応答 $\hat{y}_k$ $(k=1,\cdots,n)$ を求める方法について，D. R. Baughman, Y. A. Liu (1995) は，リカレント・ニューラルネットワークによって実行している。モデルを立てるために，誤差信号を $e_k(t)=\hat{y}_k(t)-y_k(t)$ として，誤差関数は次のように書ける。

$$E=\sum_{j=1}^{n}(\hat{y}_j(t)-y_j(t))^2 \tag{6. 7}$$

各時間における測定変数 $y(t)$ より予測値 $\hat{y}(t)$ を求め，また，4つの変

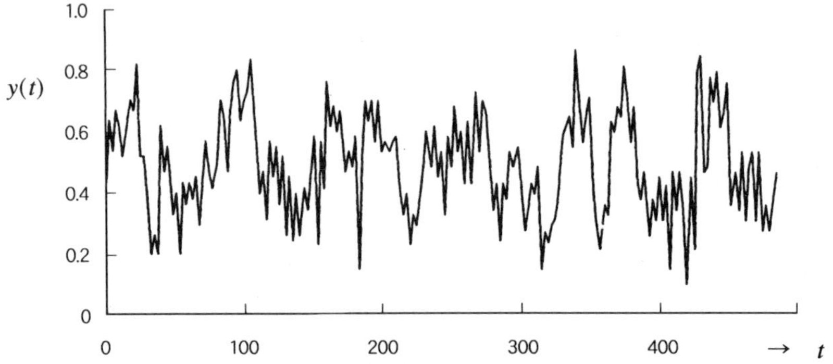

図6．14 信号の観測データ

数，$u(t)$，$y(t)$，$\hat{y}(t)$，$e(t)$ として，m個の操作変数，n個の測定変数について，次のように表現する。

$$\mathbf{u(t)}=\begin{bmatrix} u_1(t) \\ \vdots \\ u_m(t) \end{bmatrix},\ \mathbf{y(t)}=\begin{bmatrix} y_1(t) \\ \vdots \\ y_n(t) \end{bmatrix},\ \mathbf{\hat{y}(t)}=\begin{bmatrix} \hat{y}_1(t) \\ \vdots \\ \hat{y}_n(t) \end{bmatrix},\ \mathbf{e(t)}=\begin{bmatrix} e_1(t) \\ \vdots \\ e_n(t) \end{bmatrix} \tag{6. 8}$$

いま，固定した時間間隔 Δt 後の予測値 $\hat{y}(t+\Delta t)$ は，操作変数 $u(t)$ と測定変数 $y(t)$ の関数である。したがって，予測する応答変数 $\hat{y}_k(k=1,\cdots,n)$ は，次のように表される。

$$\begin{aligned} &\hat{y}_k(t+\Delta t,\cdots,t+p_k\Delta t) \\ &=f[y_1(t-s_1\Delta t)\cdots,y_1(t),\cdots,y_n(t-s_n\Delta t)\cdots,y_n(t), \\ &\quad u_1(t-r_1\Delta t)\cdots,u_1(t),\cdots,u_m(t-r_m\Delta t)\cdots,u_m(t)] \end{aligned} \tag{6. 9}$$

ここに，記号 f は関数を意味し，$r_i(i=1,\cdots,m)$，$s_j(j=1,\cdots,n)$，$p_k(k=1,\cdots,n)$ は，操作変数，測定変数，予測応答変数において，プロセスモデルに用いられた時間区間の数である。したがって，これら変数の入出力ウインドウズ（Windows）に対する全時間のスパン τ は，次のようになる。

$$\begin{aligned} &\tau_{ui}=r_i\Delta t(i=1,\cdots,m),\ \tau_{yj}=s_j\Delta t(j=1,\cdots,n), \\ &\tau_{\hat{y}k}=p_k\Delta t(k=1,\cdots,n) \end{aligned} \tag{6. 10}$$

図6．15に，リカレント・ニューラルネットの構造を示す。中心のアーキテクチャーは，入力変数のサブネットとして，移動ウインドウで各時間周期の測定データを入れ，次の中間層（Hidden layer）を2つ設け，測定変数 $y(t+\Delta t)$ の予測応答を $p_k=1(k=1,\cdots,n)$ として，各測定変数に対して求め，その値を入力層へ戻す。この操作を繰り返して，未来の値を予測する。しかし，このとき，予測誤差が伝播するので，長期予測は困難となる。予測誤差を最小値とするためには，サイズとして時間区間を変更し，すなわち，$p_k>1(k=1,\cdots,n)$ とし

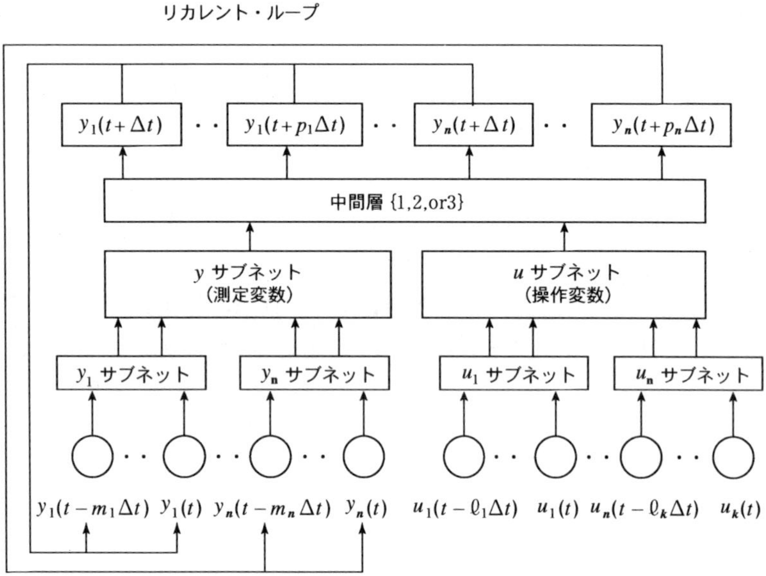

図6．15　時系列解析のためのリカレントネットワークの構造
(D. R. Baughman, Y. A. Liu (1995))

て予測することも考えられるが，ネットワークが複雑になる。このようにして，**図6．15**はリカレント・ループを作り，別称，時間遅れリカレント・ネットワークを作成した。

誤差を少なくするためには，誤差関数として，ガウス密度関数に誤差が従うとして取り扱い，平均誤差 e_{avg}：

$$e_{avg}=avg[\hat{y}_k(t)-y_k(t),\cdots,\hat{y}_k(t-9\Delta t)-y_k(t-9\Delta t)] \quad (6.11)$$

として，修正した予測 $\hat{y}_{k,adj}(t+\Delta t)$ を，次式で表示した。

$$\hat{y}_{k,adj}(t+\Delta t)=\hat{y}_k(t+\Delta t)+e_{avg} \quad (6.12)$$

この誤差修正法の適用は，範囲が限定されるが，**図6．15**で与えられたネットワークの考え方は，BP ネットワーク，ラジアル基底関数ネットワークのようなタイプに対して有効であった。

［例題6．2］ 回分反応器にて，次の反応を実施して，菌体量の時間的変化を求めている。

グルコース（G）＋菌細胞（S）→エタノール（E）＋多くの菌体細胞

（E 6．3）

反応器の溶存酸素，放出CO_2量，pH値，攪拌速度および生成物のエタノール濃度は監視されている。いま，流体供給速度一定として，温度（25〜35℃），pH（3.5〜5.5），攪拌速度（200〜600rpm），空気吹込み速度（0〜5.0 Nm^3/hr），グルコース濃度（0〜100g/ℓ）として，菌体量の時間についての予測を行いたい。このとき，リカレント・ニューラルネットとして，**図E 6．2**に示すネットワーク構造を用いる。時間ラグ$\Delta t=2$ minで，信号ノイズは除去されるとし，入力層，中間層，出力層のネットワークより出力信号，すなわち滑

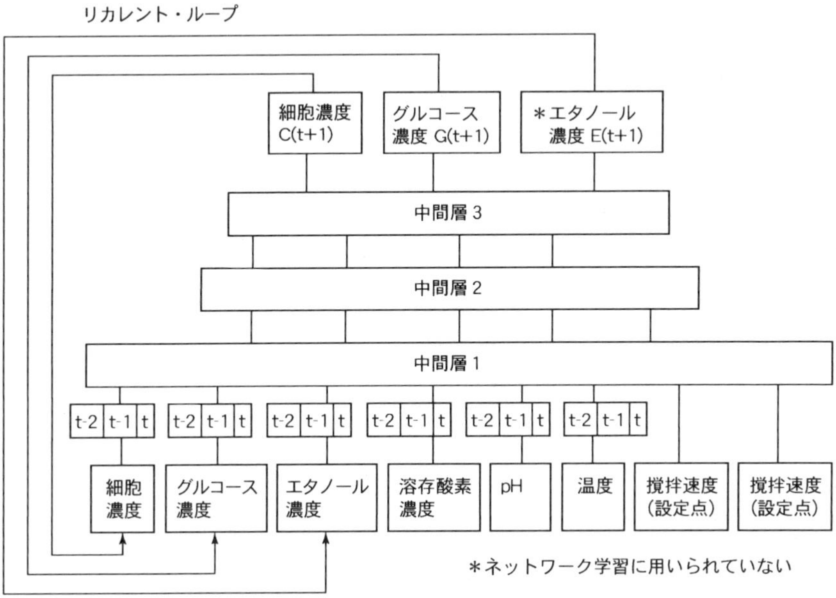

図E 6．2　リカレント・ネットワークの構造（D. R. Baughman, Y. A. Liu（1995））

らかにされた細胞濃度を得たい。また，計算法によって，実測値は図E 6．3に与えられるとして，$t=15$ hr の値を用いて，未来の細胞濃度を予測せよ。また，学習回数 t として，RMSE（Root mean square error）が次式で定義されている。

$$\mathrm{RMSE}=\sqrt{\sum_{j=1}^{n}[\hat{y}_j(t)-y_j(t)]^2/n} \qquad (n\text{：データ個数}) \qquad (\text{E 6. 4})$$

このとき，RMSE 対学習繰り返し回数を図示して，ニューラルネットワークの学習係数を求めよ（D. R. Baughman, Y. A. Liu（1995））。

［解］ 時間軸について，$t-14$，$t-13$，…，$t-1$，t における $y_j(t)\,(j=1,\cdots,14)$ を入力信号とし，図E 6．2に示すリカレント・ネットワークに入れる。

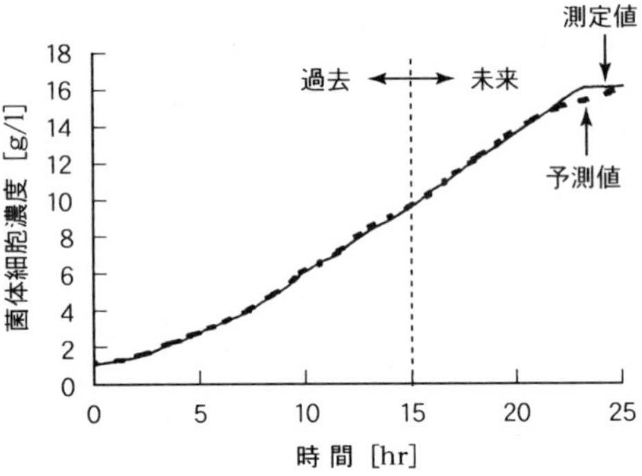

図E 6．3　発酵加工ネットワークにおける測定値と予測値
(D. R. Baughman, Y. A. Liu (1995))

計算結果は，**表E 6．1**に示すように，学習繰り返しが10,000回（中間層）一定のとき，出力層の学習係数 $\eta=0.15$，運動量係数 $\alpha=0.4$ であったのが，学習回数が 30,000回となると，$\eta=0.02$，$\alpha=0.05$ となり，精度が向上している。ここに，ユニット間の重み係数（または結合係数）$w(j)$ は，次式で表される。

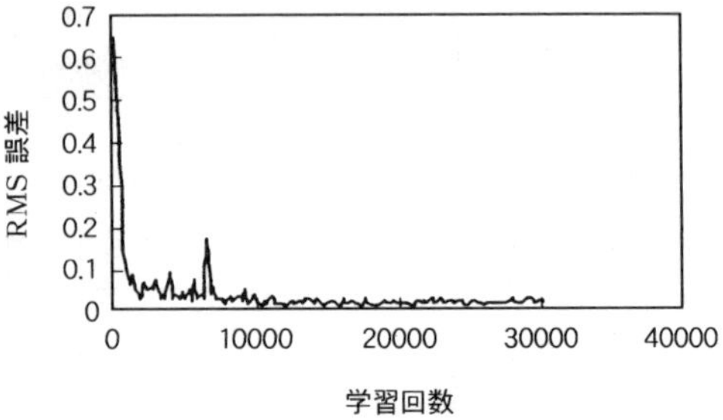

図E 6．4　中間層1，2を用いたネットワークによる発酵加工データの学習
(D. R. Baughman, Y. A. Liu (1995))

表E 6．1　リカレントネットワークにおける学習繰り返し回数，学習係数などの値
(D. R. Baughman, Y. A. Liu (1995))

(a) 入力層

学　習　回　数	5,000
ノ　イ　ズ	0
学　習　係　数	0.9
運動量係数	0.6
許　容　誤　差	0

(b) 中間層1

学　習　回　数	10,000	30,000	70,000
ノ　イ　ズ	0	0	0
学　習　係　数	0.3	0.15	0.04
運動量係数	0.4	0.2	0.05
許　容　誤　差	0.1	0.1	0.1

(c) 中間層2

学　習　回　数	10,000	30,000	70,000
ノ　イ　ズ	0	0	0
学　習　係　数	0.25	0.13	0.04
運動量係数	0.4	0.2	0.05
許　容　誤　差	0.1	0.1	0.1

(d) 中間層3

学　習　回　数	10,000	30,000	70,000
ノ　イ　ズ	0	0	0
学　習　係　数	0.2	0.1	0.03
運動量係数	0.4	0.2	0.05
許　容　誤　差	0.1	0.1	0.1

(e) 出力層

学　習　回　数	10,000	30,000	70,000
ノ　イ　ズ	0	0	0
学　習　係　数	0.15	0.08	0.02
運動量係数	0.4	0.2	0.05
許　容　誤　差	0.1	0.1	0.1

$$\Delta w(j+1)=\alpha\cdot w(j)-\eta\frac{\partial E}{\partial w(j)},\quad (j=1,\cdots,14) \qquad (E\,6.\,5)$$

学習繰り返しとして，中間層1（30ノード），中間層2（15ノード）をネットワークとしたときのRMSEの変動を**図E 6．4**に示した。このネットワークは，10,000～20,000繰り返しで有効である。時間 $t=15$ hr において，実測値と予測値に対する醗酵加工ネットワークによる一致度合いは，**図E 6．3**のように良好な一致を見た。しかし，時間が初期の $t=0$ hr では，予測値は実測値よりも大きくなり，長期予測は容易でないことが分かった。

Z. Shi., K. Shimizu（1992）は，ファジィとニューラルネットワーク（NN）とを組み合わせ，Neuro-Fuzzy 制御を酵母によるグルコースからエタノール生産に適用して，溶存酸素（DO）濃度（振動/非振動）について，パターン認識を有用としている。J. Zhang *et al*. (1998) は，回分重合反応器でロバスト(robust)ニューラルネットワークを開発して，重合物の品質予測をする方法を提案している。改善した一般的能力をもつ総括の NN を開発し，モデルの精度，ロバスト性を改良する数種の NN を結合し，総括 NN の総括出力は，個々の NN の出力に重み付け結合したものとした。すなわち，

$$f(X)=\sum_{i=1}^{n}w_i f_i(X) \qquad (6.\,13)$$

ここに，$f(X)$：総括のNNの予測子，$f_i(X)$：i 番目のNNの予測子，w_i：i 番目 NN 結合に対して総括の重み，n：NN の数，X：NN の入力ベクトル．

学習データからのネットワーク予測値を $\hat{y}$，目的値 y，学習データの繰り返し回数 t として，学習目的関数を次のようにおいた。

$$J=\frac{1}{N}\sum_{t=1}^{N}(\hat{y}(t)-y(t))^2 \qquad (6.\,14)$$

例として，遊離ラジカル重合(MMA，メチルメタアクリレート)の開始剤ベンゾイル過酸化物による重合進行に対して，非定常収支を立てて，反応不純物らの外乱があるとき，ロバスト NN が，回分重合プロセスの予測，制御，モニタリングに有用であることを確かめている。

6．4　遺伝的アルゴリズム

近年，生体・生物が環境に適応するために，自らを形成・改良していく機能に注目し，その仕組みを工学的な課題に適用しようとの試みが盛んである。遺伝的アルゴリズムGA（Genetic algorithm）もその1つで，「生物が世代交代を繰り返すことにより，優れた個体を残す仕組みを取り入れた最適化手法」でもある。

6．4．1　生物の進化と遺伝子

生物細胞は分裂によって，自己複製（コピー）を繰り返しているが，分裂の際に遺伝子も同時にコピーされる。この遺伝子の本体は，DNA（デオキシリボ核酸）と呼ばれ，長い鎖状の分子で，2本の鎖が二重らせんを形成して，細胞中の染色体の中に規則正しくたたみ込まれて存在している。このDNAの中で遺伝情報は，4種の塩基（A：アデニン，G：グアニン，C：シトシン，T：チミン）のうち3つが一組（64通り）となって，三連子（トリプレット・コドン）を作り，アミノ酸の指定を行い，蛋白質を形成する。なお，染色体上で1個の遺伝子が占める位置を遺伝子座，同じ遺伝子座を占めうる幾種類かの遺伝子を対立遺伝子と呼び，個体特有の遺伝子の構成と配列をもっている。

一般に，細胞が分裂するとき，DNAはそのままコピーされるが，小さな確率でコピーミスが起こり，新しいDNAが生まれることがある（突然変異，Mutation）。また，オスとメスの交配によって，それぞれからきた一対の染色体の間で，交叉組み換えが行われる（交叉，Crossover）。その他にも，生物の成長過程の環境によって，生物自体で形質を淘汰していくことがある（淘汰，Selection；適応度，Fitness）。

6．4．2　基本的な遺伝演算子

このような遺伝子の振る舞いを工学的に活用しようとの試みは，1980年代後半から始まり，その後多くの報告がある。

GAの計算の基本は，図6．16のように染色体を個の遺伝子座の列で表し，

$A_i(i=1,2,\cdots,N)$ を対立遺伝子と考える。対立遺伝子の取り得る値は，たとえばDNAの場合には，A, G, T, Cの４つの核酸塩基（コドン）で構成されるため，４つの値（記号）をもつことになる。工学計算では，０と１の２進数表現を用いることが多いが，実数値や記号を用いる場合もある。さて，M個の染色体からなる集合を考え，世代 t における集合 $P(t)$ が，遺伝子の変異を受け，次の世代 $t+1$ における染色体集合 $P(t+1)$ に変わるものとする。このように，世代の更新が繰り返され，更新ごとによりよい染色体（工学的には，最適値により近い変数 A_i）の数が増えるようにすれば，やがて良い形質（最も良い最適解）が得られるであろう。すなわち，生体・生物の進化に従えば，最適解に収束するというのが，GA の基本的な考え方である。

A_1	A_2	……	A_i	……	A_N

図６．16　染色体のモデル

したがって，GA のアルゴリズムは，図６．16の A_i の値を変えていく逐次計算法であり，膨大な計算量が必要になる。

遺伝子に異変を作り出すには，次の遺伝演算子を利用する。

① 選択（淘汰）(Selection)

世代 t の染色体集合 $P(t)$ を考え，その中の各染色体遺伝子の適応度や平均値を求め，子供の期待値を定義する。この期待値は，一義的に決める必要はなく，ユーザーが適宜定義することができる。

② 交叉（Crossover)

染色体内からランダムに２つの遺伝子座の遺伝子情報（A_i，A_j）を選び，ある確率で，情報を２つの染色体に振り分ける。

③ 突然変異（Mutation)

各染色体について，位置をランダムに選び，ある確率で他の対立遺伝子に変更する。計算手順として，たとえば，図６．17のように，16ビットの染色体からなるとして，２倍体（32ビット）は次のように表す。ここで，32ビットは，８ビットの４つのコドンから構成されるとする。親Aと親Bの交叉によって子供ができると，子供の染色体は，親A，Bのビットを継承するとする。

基本的には，上記の ①～③を用いて，生物が進化しているという前提で演算

	8ビット		24ビット					
親A：	1011	0101	0111	1001	1110	0100	1010	1001
親B：	0000	0101	0010	0111	0011	1100	1010	1001
子供：	1011	0101	0010	0111	0011	1100	1010	1001

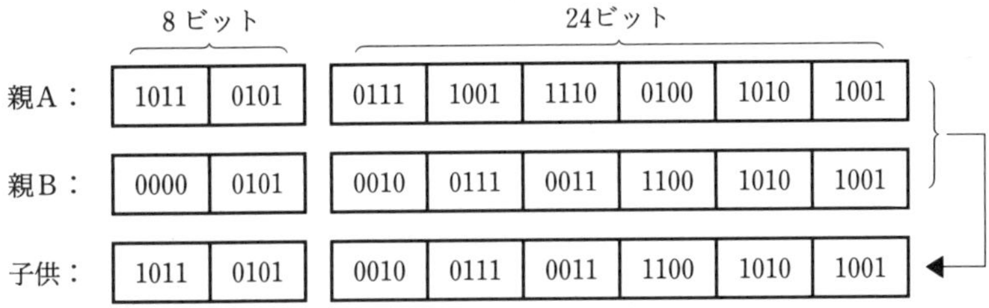

図6.17　親から子への遺伝子の継承

をすすめ，次世代を計算する。堀　嘉成ら（1996）は，蓄熱型地域冷暖房システムの最適運転計画をGAで最適解を探索し，この過程で，Y. Nishikawa（1991）に従って，交叉，突然変異の確率を変化させて，効率よく最適解を探索している。最適問題の解決に，比較的多数の遺伝子が存在する遺伝子プールに対して，多数の遺伝子操作（組み換え，交叉，突然変異ら）によって，並列演算の可能性があり，その成功率は向上している。

6.4.3　スキーマ定理と遺伝子操作

交叉対象の割合や遺伝子1組のビット数などのパラメータ値を指定するとき，これらの値を変えると，計算結果も異なってくる。従って，これらパラメータ値を決めるための基準が必要になる。その1つの方法が次に述べる手法である。染色体が，図6.18のように1次元の文字列で表現されるとき，その中に意味のあるパターンが発生する。このパターンを**スキーマ**（Schema）といい，このようなパターンがどの程度次世代に生き残れるかを示すのがスキーマ定理（J. H. Holland（1975））である。これによると，定義長（Defining length）は，スキーマの最初の固定部分と最後の固定部分の間の距離を示す。また，オーダー

(1)	(2)	(3)	(4)	(5)	(6)
F	*	*	F	F	*

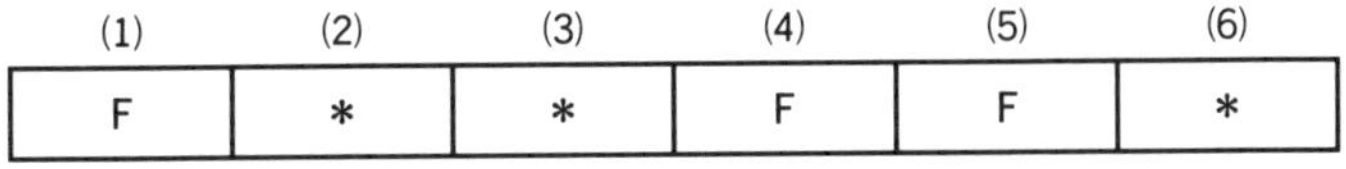

F：固定ビット，＊（アスタリスク）：変動ビット

図6.18　染色体のスキーマ

(Order) は $o(H)$ で示し，スキーマの中で，値の決まっている部分の数を示す。たとえば，最初の固定ビット(1)と最後の固定ビット(5)の距離（定義長）は，5−1=4 となる。

たとえば，スキーマは，1，0，*（アスタリスク）の文字列の集合であり，長さ ℓ の文字列からなる ℓ 次空間の超平面でのインスタンス(例：１００１１１)で表され，半分値の文字列では，スキーマは，例のとき，*００*** のように，インスタンスとして表す。

いま，$m(H,\ t)$ を世代 t において，集団中に存在するスキーマ H の個数とする。また，$f(H)$ をスキーマ H を含む個体の平均適応度とし，$\bar{f}$ を集団中の個体全体の平均適応度とすると，スキーマは交叉や突然変異で変化するので，交叉確率 p_c，染色体の長さ ℓ，突然変異確率 p_m とすると，$m(H,\ t+1)$ と $m(H,\ t)$ の間に次の関係が成立する。

$$m(H,\ t+1) \geqq m(H,\ t)\frac{f(H)}{\bar{f}}\left[1-p_c\frac{\delta(H)}{\ell-1}-o(H)\,p_m\right] \qquad (6.15)$$

このスキーマ定理では，突然変異や交叉で生成される新しいスキーマについて，その個数が集団中で，どのように変化するかに関する予測を与えるにすぎない。

式（6．15）の計算には，Walsh スキーマ変換を用いて行うのが便利である。いま，Walsh 係数 w_j として，スキーマ平均適応度は，

$$f(H)=\sum_{j=0}^{\ell-1}w_j\cdot S(H,j) \qquad (6.16)$$

ここで，

$$S(H,j)=\frac{1}{|H|}\sum_{x\in H}\varphi_j(x) \qquad (6.17)$$

ここで，Walsh 関数 $\varphi_j(x)$ は，1 か −1 のどちらかの値をとるだけなので，関数 $f(H)$ の特徴は，その係数 w_j に着目すればよい。また，この係数は，次のようにして求めることができる。

$$w_j=\sum_{\vec{d}=000\cdots0}^{111\cdots1}f(H)\cdot S(H,j) \qquad (6.18)$$

ここで，$\vec{d}$：平均適応度 $f(H)$ への入力ベクトルであり，$\vec{d}=000\cdots0$（ℓ 個）から $111\cdots1$（ℓ 個）は，染色体長 ℓ ビットのすべての場合を示している。

Walsh 係数が大きいということは，その係数に対応するスキーマが重要な部分戦略になっていることになる。

［例題6．3］ スキーマ1＊＊＊，0＊＊＊の平均適合度は，いくらか。長さ ℓ の文字列が，2^ℓ の異なるスキーマをもつことを示せ（M. Mitchell (1996)）。

［解］ $f(1111)=2^3+2^2+2^1+2^0=15$ として，適合度は次に求められる。

$$f(1***)=2^3+\frac{1}{2}(2^2+2^1+2^0)=11.5 \tag{E 6. 6}$$

$$f(0***)=\frac{1}{2}(2^2+2^1+2^0)=3.5 \tag{E 6. 7}$$

遺伝子長 ℓ の場合には，各文字列が0と1のどちらかをとるので，合計 2^ℓ 個のスキーマの可能性がある。いま，文字列 s ビットのある遺伝子の位置に相当するビット値を d とし，$\ell=1$ ならば2個のスキーマ＊と $\{d\}$ の可能がある。このことは，$\ell=n+1$ のとき，余分の遺伝子位置には2つの可能性（d か＊）がある。そのため，スキーマの数は，$2^n\times2=2^{n+1}=2^\ell$ となる。

6．4．4　GAの適用

GA は，非線形の強い多変数を，一まとめで取り扱うことができるので，結果としての推定が容易となり，化学プロセスの設計問題に採用されている。K. Wang *et al*. (1998) は，トルエンの水添によるベンゼンの生産において，副生成物ジフェニールの分離問題と，熱統合のコストについて，改善したGAを採用し，従来のGAより計算時間が短縮されることを確認している。A. Gerrard, E. S. Fraga (1998) は，再生を伴うフェノール回収にGAを用いて，従来の最適化法より，計算時間が短くなることを示した。このことは，プロセス設計では，多変数問題を扱うことは避けられないが（東稔節治ら (1998)），GAは，有効なツールになれることを示唆している。

また，線形計画法（Linear Programming，LP）や，動的計画法（Dynamic Programming，DP）に代わって，巡回セールスマン問題（Traveling Salesman Problem，TSP），ナップサック問題（Knapsack Problem，NP）などの最適化にGAが適用され，その有用性が報告されている。堀嘉成ら（1996）は，蓄熱型地域冷暖房プラントの最適運転計画を評価関数として，運転コストおよび負荷変化量をともに最小化するとし，一部，演算過程で交叉と突然変異を起こす確率を変化させ，10個の異なる蓄熱計画を作成した。これをGAにより計算し，計算量が動的計画法（DP）で最適解を求める場合の1/10となることを確かめ，世代交代を100世代繰り返した結果，運転コストは誤差0.13%，平均負荷変化量は50%以上も改善できると報告している。

［例題６．４］ GAの探索能力を見るため，ナップサック問題（NP）を解き，最適解を求めよう。ナップサック問題というのは，ナップサックの重量制限の下で，それぞれ異なる重量と価値の品物をナップサックに詰め込むときに，総価値が最大になるような品物の組み合わせを選択するという問題である。

この解法として，坂和正敏，田中雅博（1995）に従うと，次のように表現できる。すなわち，詰め込んだ品物の価値の総和が，式（E６．９）の束縛条件の下で，最大となる $x_j (j=1,\cdots,n)$ を求めることになる。

$$\sum_{j=1}^{n} c_j x_j \rightarrow \text{最大化} \qquad (\text{E}\,6.\,8)$$

および

$$\sum_{j=1}^{n} a_j x_j \leq b \qquad (\text{E}\,6.\,9)$$

ただし，$j=1,\cdots,n$ であり，x_j の値として，品物 j を選ぶとき１，選ばないとき０とおく。また，a_j：n 個の品物の j 番目品目，c_j：j 番目の品物の価値，b：総重量，である。

いま，$\{c_j\}=\{5, 10, 13, 4, 3, 11, 13, 10\}$ の８品目の価値が与えられており，８個の品目のそれぞれの価値 $\{a_j\}=\{2, 5, 18, 3, 2, 5, 10, 4\}$，総重量 $b=25$ とするとき，番号1, 2, 3, 4, 5, 6, 7, 8と品物について，どの番号の品物を選んだらよいかを求めよ。

[解] いま，コード化のため左から順番に，品物1, 2, 3, 4, 5, 6, 7, 8に対応して，変数$\{x_j\}$を書き，このときコードとして，品物を選択するとき1，選択しないとき0と約束する。

また，文字列の適合度関数f_jは，制約条件に対して

$$f_j=\begin{cases}\sum_{j=1}^{8} c_j x_j\ , & \sum_{j=1}^{8} a_j x_j \leq b \\ 0\ , & \sum_{j=1}^{8} a_j x_j > b\end{cases} \qquad (\text{E}\ 6.\ 10)$$

探索効率をよくするため，交叉法による2重構造の文字列によるコード化を行う。

変数　$x_{s(1)}, x_{s(2)}, \cdots, x_{s(8)}$

添字　$s(1), s(2), \cdots, s(8)$

文字列の左端から，変数の添字$s(j)$の順に，制約条件を満たすまで，添字$s(j)$と対応するデコードされた変数の値を固定し，残りの添字に対するデコード化された変数の値$p_{s(j)}$は，制約式を破らないようにするために，0とおく。また，2つの文字列において，位置の要素を交換するなどの突然変異を行う。さらに，ランダムに突然変異点を2点選び，2点間の上段にある添字の順序を反転させる逆位という操作も行う。結果として，文字列（1, 0, 0, 1, 0, 1, 0, 1）と結果が得られ，選択する品物は，番号1, 4, 6, 8のものになる。

上記の**例題E 6．4**は，高分子製品の多品種少量生産にも適用できる。すなわち，ポリエチレン，ポリプロピレン，ポリスチレン，ポリエステル，ウレタン樹脂らの総生産高が，社会の需要で変動するが，総製品利益または価値が最大となるように，月／年を求める問題は，ナップサック問題の変形と考えられる。

6．4．5　生態系相互作用を含めたGAの改良

多くのGAの応用では，集団中の解候補者の適合度は，他の個体とは独立に

決まり，選択の際の競合によって相互作用が起こるにすぎない。宿主・寄生者という共進化，資源を競合する個体や集団で問題解決する際の共生・協調関係などの生態学的相互作用に，GA が適用できる。共生システムにおいて，地球環境の役割は大きい（東稔節治（1999））。

D. Goldberg（1989）は，進化は単純な染色体が互いに組み換えて，複雑な染色体となってゆく，すなわち「自然界で進化の過程で高等生物になるほど，単純な染色体を組み換えて，長い染色体をもつ」という考え方で，messy GA（mGA）を提案した。すなわち，1）長い文字列の染色体は，単一の染色体の文字列から構成される，2）単一の染色体は，固有の文字列をもつ，3）単一の染色体が組み換えて，長い染色体となるとき，切断と分岐とともに交叉する，4）結合プロセスは，並列，直列の2段階からなる，5）結合の段階では，ビットの変位を含めて，各々の遺伝子型を評価し，選択する。この段階で，集団のサイズは小さくなる。その後，並列過程で固定された個体数で，遺伝子操作によって，新たな世代を作る。

このことは，個体のゲノム（評価ネットワークの重みと最初の動作ネットワークの重みを，符号化したビット列）は，内部エネルギー（実数値で表現）をある値に維持するため，自分のゲノムを複製することによって繁殖する。これと，2つの個体が，交叉によって子孫を作る。これは，環境変化に適応して，作動する複雑適応系となり，自律分散性，自己組織化，創造性（システム部品の総和以上の機能を発揮する，物理過程の相転移に似ている）の特徴をもつ。

6．5　カオス制御と非線形設計

6．5．1　カオス性と不安定軌道の安定化

カオスは，無数の振動周期軌道と非周期軌道の集合であり，これが発生するとき，軌道の引き伸ばしと折りたたみがなされ，このとき，局所的に不安定な多様体と安定な多様体が共存する。ある程度コーヒレンシー（規則性）があり，制御パラメータを変化させ，運動形態を変化させる。カオス的に挙動する1つをストレンジ・アトラクターに埋め込まれた多くの不安定な周期運動の1つに

閉じ込めることによって，確率的性質を引き出す。ホモクリニックとカオス性軌道について，図6．19に示した。

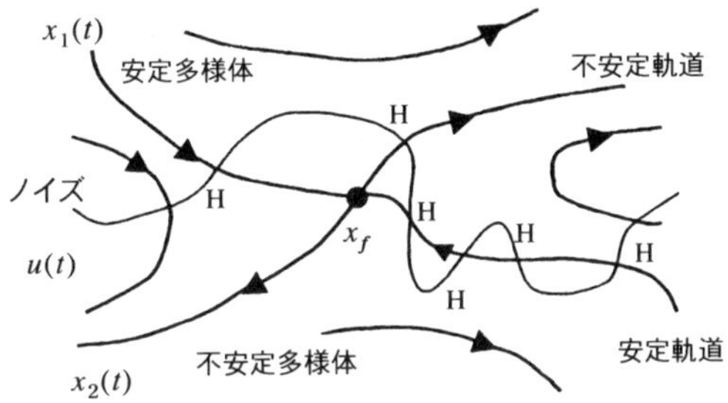

図6．19　ホモクリニックとカオス性軌道

カオスには，非周期性が認められるが，システムの状態を，その不安定軌道の不安定多様体上で，その近傍で，小さな制御入力で，その不安定周期軌道を安定化できるとし，この手法に，OGY（E. Ott，C. Grebogi, J. A. Yorke（1990））法がある（T. Sinbrot *et al.*（1993））。また，K. Pyragas(1992)は，安定化の制御として，external force 制御と delayed feedback 制御の2種類を提案している。平井正一（1994），潮俊光（1996）は，彼らの手法につき，次のように述べている。

OGY 法に従って，次式の1入力2次元非線形離散システムを考える。

$$x(k+1)=f(x(k),\ u(k)) \tag{6.19}$$

この不動点 $x_f=f(x_f, 0)$ にシステムの状態 $x(t)$ が収束するような入力またはノイズ $u(k)$ を求めるため，式（6．19）を不動点 x_f 近傍で線形化すると，次のようになる。

$$X(k+1)=AX(k)+Bu(k),\ (X(k+1)=x(k+1)-x_f) \tag{6.20}$$

ここで，不動点がカオスアトラクター中に埋め込まれており，双曲形の不安定不動点とする。いま，不動点がカオスアトラクターの中に埋め込まれ双曲形の不安定不動点とする。そして，A の安定および不安定固有値を λ_s, λ_u とし，それぞれの固有値に対する長さ1の固有ベクトルを e_s, e_u とする。また，$\nu_u e_s=\nu_s e_u=0$，$\nu_u e_u=\nu_s e_s=1$ なる反変ベクトル ν_u, ν_s を用いると，$A=\lambda_u e_u \nu_u+\lambda_s e_s \nu_s$ と書ける。もし，$x(k)$ が x_f の近傍にあり，$\nu_u X(k+1)=0$ であれば，$x(k+1)$ は，x_f の局所安定多様体の近傍にあることになる。この式と式（6．20)を使うと，フィードバック入力 $u(k)$ が求められる。これの状態が，不動点の近傍に近づいたときのみ実施する。

$$u(k)=\begin{cases}-\lambda_u\nu_u X(k)/\nu_u B, & X(k)\leq\varepsilon \text{ のとき} \\ 0 & \text{, それ以外}\end{cases} \tag{6.21}$$

ただし，ε は，十分小さな値である。

一方，K. Pyragas（1992）によって提案されたdelayed feedback制御では，カオスシステムにおいて，目標軌道の周期を τ とおき，τ 時間前の出力信号と現在の出力信号の差を基準に制御し，$y(t)$ を出力，$u(t)$ を入力，Kをゲイン定数とすると，n 次元の連続システムは次式で表される。

$$\frac{dy(t)}{dt}=f(y(t),\ x(t),\ t)+u(t) \tag{6.22}$$

$$\frac{dx(t)}{dt}=g(y(t),\ x(t),\ t) \tag{6.23}$$

ただし，$x(t)$ は，カオスシステムの内部状態を示す変数である。

いま，ストレンジ・アトラクターの中に存在する周期 τ の不安定軌道を安定化することを考える。軌道が安定化するための必要条件は，τ 時間前の周期状態と現在の周期状態が等しくなればよいわけだから，これら 2 つの差を 0 にするようなフィードバック，すなわち

$$u(t)=K(y(t-\tau)-y(t))\ \rightarrow\ 0 \tag{6.24}$$

にするよう，ゲイン定数Kを求める問題に帰着する。しかし，ここで得られる周期軌道は，周期 τ となるため，不安定で常時制御入力 $u(t)$ が必要になる。

実際，この方法で制御すると，安定な出力が得にくく，制御入力を加えると，かえってシステムを不安定にするおそれがある。K. Pyragasの方法では，カオス動力学が単一のアトラクターであるときには有効であるが，複数のアトラクターが共存する系では，その制御は困難である。

花熊克友（1997）は，化学プラントにおける複合形異常信号検知システムの設計でアトラクター解析を行い，ターケンスの埋め込み定理を用いて，プロセス信号からアトラクターを再構築し，異常信号発生時刻の推定をしているが，しきい値の設定に工夫が必要であり，オペレーターの判断力を支援するのに，

この方法が役立つとしている。

また，プロセスの異常性には，操作（流量，温度，圧力ら）の誤りと，ユニット固有の劣化や故障などによる機能劣化がある。これらは，固有のアトラクターを有し，画面にディスプレーを介して表示される。正常のときには，以前と類似のアトラクターとして処理される。異常のときには，全く異なるアトラクターとなり，故障のときには，単純な構造となり，時間経過とともに固定化されよう。このようなとき，単一周期に近似しうると推定できる。このことは，時系列データから，異常が発生した時刻やその原因と結果の対応策が見いだされ，経験あるオペレータの判断が貢献する。

6．5．2　非線形動特性における予測

ファジィ理論，ニューラルネット，遺伝的アルゴリズムなどに見るように，情報処理や，プラント制御，生体現象や経済現象の分析・予測などの応用ができ，脳波のカオス性はストレンジ・アトラクターが相違し，これに老若性などの加齢性が認められている。カオス性を有する時系列信号の生成機能，自己増殖型ニューロ・ファジィ知識獲得，非線形システムの固定，予測，推定などの可能性がある。

１つの例として，カオスとニューロファジィシステムを，次の図６．20に示

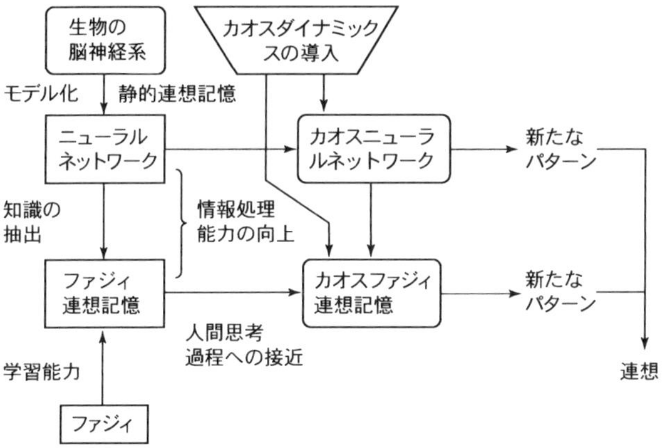

図６．20　カオスを入れた学習法（山口　亨（1995），一部変更）

す（山口　亨（1995））。このことは，カオス力学系の学習は，複雑であることが分かる。

カオスは，心拍のゆらぎ，脳波など，様々な振動現象と生体系と関係しており，カオス力学系の情報処理でのパターン認識は，学習過程において，重要な役割を果たしている。また，生体機能のホメオカオス（Homeochaos）による環境変動への適応，柔軟性はアトラクター構造の変化として現れる。西江弘（1994）は，健康な人の心拍数は幅広いスペクトルを示し，すなわち，ストレンジ・アトラクターで表されるカオス的軌道を示すことを述べている。また，病的状態では，心拍数の変動がごくわずかで定常的であったり，あるいは変動は周期的であったり，位相空間表示では点アトラクターを示すことを紹介している。また，胎児の心拍数変動において，時系列パワースペクトルは，10^{-2}Hz以下で，周波数fとして$1/f$変動し，10^{-2}〜10^{-1}Hzまでは，$1/f^2$変動することを認めている。一般に脳波の時系列信号から，フラクタルの相関次元を求めると，安静時には，これは高くなる。また，生理現象に基づく時系列データから構築されるアトラクターには，年齢が高くなると，その構造が単純化してゆくことが知られている。

［例題６．５］片山　立，森戸克美（1995）は，脳波解析による健康管理システムについて，フォトセンサーにより，脳波を指先から収集し，増幅し，A/D変換装置でディジタル信号に変換して，ワークステーションに送られ，処理され，解析されるシステムを構築している。ワークステーションのカオス解析モジュールは，前処理部と解析機能部とから構成される。このとき，解析機能部は，① 高速フーリエ変換（FFT）部，② 自己相関計算部，③ アトラクター表示部，④ リアプノフ・スペクトル計算部，から成り立っている。**図Ｅ６．５**に示すパルスデータの時系列を用いて，この人の健康状態をパワースペクトルとアトラクターを表示して，判断せよ。

［解］図Ｅ６．５に示す脳波時系列データから，ワークステーションによって画面表示すると，**図Ｅ６．６a)，b)**に示される。パワースペクトルは，周波数について広域分布しており，また，アトラクターは複雑な構造を示しており，

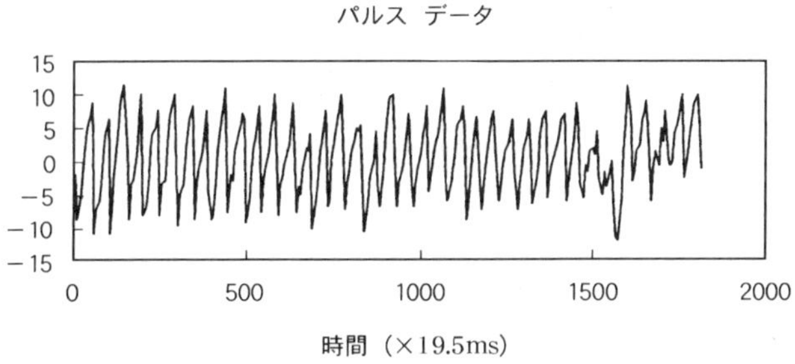

図Ｅ６．５　脳波の時系列データ
（片山立，森戸克美（1995））

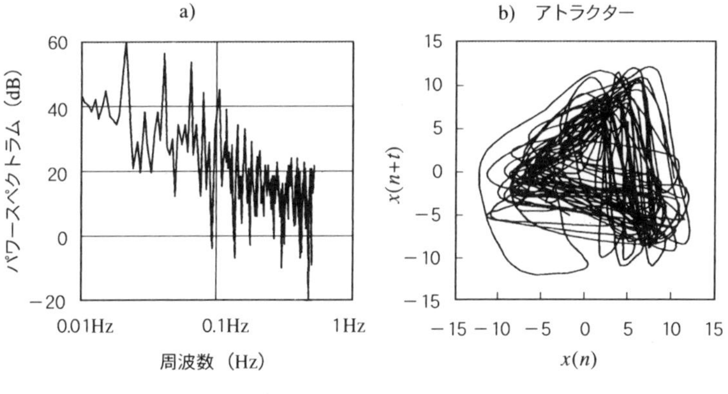

図Ｅ６．６　パワースペクトラムとアトラクター（片山　立，森戸克美（1995））

これにより，健常者，すなわち，健康状態にあると判断できる。

片山　立（1995）は，非線形自己回帰モデルによる予測において，時刻 t より以前の入力を，$x(t)=[y(t-1), y(t-2), \cdots, y(t-s)]$ として，埋め込み次元 s の推定に対して，１つの手法を述べている。すなわち，観測値 $y(t)\,(t=1, \cdots, M)$ と固定したモデルを使って，計算される予測値 $\hat{y}(t)\,(t=1, \cdots, M)$ より相関 ρ を求め，相関 ρ と埋め込み次元 s をプロットし，相関が最も高くなる s を埋め込み次元とする方法を提案し，人の脳波の時系列に適用した。なお，このうち，遅れ時間 τ の決定法には，観測された時系列データの主要な周期，自己相関関数，相互情報量などに基づく方法があることを示唆している。カオス性時系列データの長期予測は困難であるが，このデータの短期予測として，言語的表現をもつ局所ファジィ再構成法によって，上水道需要量，高速道路交通量などの短期予測を行い，一本の観測時系列データから，良好な予測結果を得ている（五百旗頭正（1995））。

谷　淳（1994）は，カオス力学系における最大降下法（Chaotic Steepest Decent Method，CSD）によって，連想記憶における記憶探索における分岐構造が，記憶パターン類似度に基づいたクラスタ構造になるという結果を得ている。このことは，カオス力学系は，機能をもつ複雑系となる特徴をもつことを意味している。また，CSD は，探索問題において，人間が行う試算法よりも簡単に極小解に到達できる。有効プランがカオスに駆動され，探索ダイナミックスによって，パラメータの設定により間欠性カオスを発現し，ある選択肢を探索した後，別の軌道の枝にバースト的に移るという，人間の記憶探索過程に類似した働きをし，画像処理もできる自律ロボットの行動と学習に役立っている。

井上政義（1994）は，情報処理能力のあるニューラルネットワークを，カオス振動子からなる素子（ニューロン）から構成し，それをカオス・ニューロコンピュータとし，連想記憶と最適化問題に用いている。また，柔軟な学習能力として，バックプロパゲーション（Backpropagation）学習，ボルツマン様式の学習に有効であることを認めている。カオスニューロモデルは，ディジタルとアナログの 2 つの特徴をもち，同期できる。奈良重俊ら（1994）は，遺伝的アルゴリズム（GA）による情報処理として，巡回セールスマン問題（TSP）の解に利用し，GA が TSP に有効として，多次元空間を探索することができるとしている。また，記憶として，神経回路網に埋め込むアトラクターを固定点にとる。そして，新しく得られたパターンを神経回路網に与えて，アトラクターに収束させ，遺伝子溜めの入れ換えを行って，組み替え，突然変異などの操作で画像化している。このことは，カオス制御に似ている。このとき，計算の並列性が必要であり，多数の遺伝子操作マシーンを並列に働かせるのが，効率向上となる。また，高次元における軌道の構造および力学的情報発生につき，カオス動力学の調整について，制御の困難があるが，神経回路網のモデルにおいて，学習による拘束条件付きカオスの実現を試み，学習によって，その困難が避けられる可能性を示唆している。

6．5．3　進化的強化学習と人工生命

複雑適応系および人工生命に共通する基本思想は，図6．21に示される。これをコレクショニズム（Collectionism）というが，微視的に，構成要素間の局所的な相互作用を通して大局的な秩序や挙動が生成されるというボトムアップ（Bottom up）な創発と，巨視的に創発された大局的な秩序や挙動が構成要素の振る舞いや相互作用に影響を与え変化をもたらすトップダウン（Top down）の創発の両機能をもっている。複合系では，非線形，非平衡な開放系としてモデル化される。

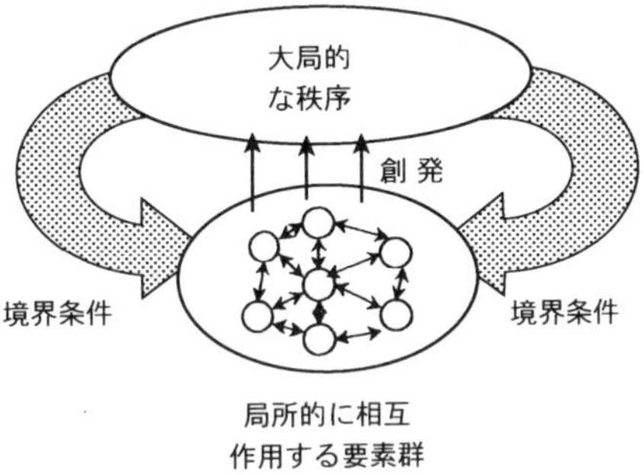

図6．21　人工生命の基本思想：
コレクショニズム
（米澤保雄，下原勝憲（1998））

J. M. Baldwin（1896）によると，学習とは生き残りに役立つため，より多く学習できる生物は，より多くの子孫を残せるので，学習の要因となる遺伝子の頻度は，増加するという仮説を立てている。これに従うと，D. Ackley, M. Littman（1992）の進化的強化学習（Evolutionary Reinforcement Learning, ERL）モデルでは，コンピュータのCPU内で，個体（エージェント）が，有限な2次元格子の上を，ビットで表されたエサ，捕食動物および隠れ場所などに出合いながら，ランダムに動く。各々の個体の「状態」は，符号化したビット列で表される。このとき，GAとニューラルネット（NN）を組み合わせたプログラムで操作され，たとえば，図6．22に示される。

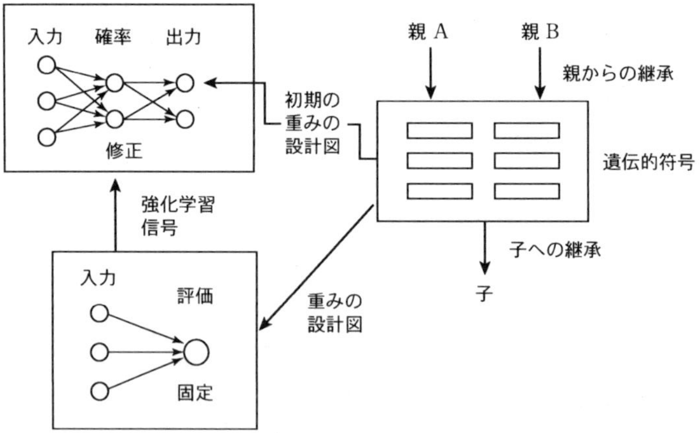

図 6．22　GA と進化的強制学習の組み合わせ

遺伝子型が決まると，分裂・増殖といった発生過程を経て，構造や形態を形成し，脳などの制御系の可塑性を利用して，個体としての機能や行動を生み出す。その機能や行動によって，子孫を残せる（または複製）か否か（死亡）が，環境への適合の度合い（または自然淘汰によって）によって決まる。複製は，新しい遺伝子型を生成し，一世代の循環ができ上がる。発生，可塑性，自然淘汰，遺伝子異変という適応過程あるいは戦略は，環境の影響を受ける。それらの適応戦略の一部は，ニューラルネットや遺伝的アルゴリズムとして，すでにモデル化され，情報処理に利用されている。

人工生命を見ると，ソフト（情報系）とハード（物質系，エネルギー系）を統合する方法論が生まれてくる。たとえば，種は同一でも，畑が異なると，出来上がるハードウェアの構造，機能が違うようなものである。つまり，構造欠陥やエラーを取り除き，資源の活用のため，量子デバイスの設計に用いられる素材を例にとると，これは必ずしも純化，精製の度合いをナノ (10^{-9}) 以下にしなくても，ソフトウェアの進化で補足できるという考え方である。コンピュータも単一で用いないで，インターネットとして共有し，情報伝達を大きく得ることができるのは，人間の共進化であろう。

進化システム・コンピュータとは，自発的，または相互依存的に変化を生成する機構をもつ。その変化を利用して，ソフトウェア的に，自ら新しい機能を作り出すのみならず，ハードウェア的にも，構造を自律的に作り変えていく自己組織化機能をもつ。ソフトウェア進化とは，変化やエラーを利用して，コンピュータ・プログラムが，プログラム自体を書き換え，構造を変え，新しい機能を自律的に作り出すこと，このようにして複雑化，多様化が進んでいる。

米沢保雄，下原勝憲（1998）に従うと，T. S. Rayは，電子生物（またはディィジタル生態系）ティエラ（Tierra，スペイン語で地球という意味）の開発において，蛋白を構成するアミノ酸塩基の組み合わせとして，4種の塩基をコドンとする。重複を入れて23個の順列として，64種類の単位からなり，32命令が構成単位となるが，これは1個の自己複製する電子生物としてのプログラムから複製時のエラーが，突然変異として，多種多様なプログラムが生起，消滅して，ソフトウェアを進化させている。自然淘汰とは，人為的な適合度を用いる人工淘汰でなく，競合，寄生，共生や協調など，プログラム間の相互作用によって自己複製できるかを決める。すなわち，プログラム化された個体同士の生存競争に淘汰され，進化または死滅して，2進法プログラムは変容してゆく。テイエラでは，プログラムから起こるコピーミスが突然変異の役割を果たし，別のプログラムから，それとは別の遺伝情報が入る。このような寄生的プログラムを交換し，ある種の性を見いだし，自己複製のとき相手を必要とするようにして，進化している。

テイエラは，記憶装置の中でプログラムの長さを検索し，ある一定時間内で多くのコピーを増やして，進行してゆく。RNA ワールドの再現とも見られ，また，お互いが1つになって，増殖（または共生）してゆくことも見られる。K. Smis（1994）は，コンピュータ上の3次元世界に，複数のブロックからなる形状をもつセンサー入力に対して行動する仮想生物を作り，この仮想生物のもつ複雑のブロックからなる神経回路網は，センサー入力に応じて動く刺激反応系ともなり，「歩く」，「泳ぐ」という行動機能をもつ。試作段階であるが，水中に入ると泳ぎ出す人工鯛や，人に会うとじゃれたり近づくAIBOというロボット犬（ソニー㈱，'99毎日デザイン賞）が，巷に登場している。特に，後者は人とロボットの共生の新しい関係を創造しようとしたものである。

進化ロボットは，遺伝的アルゴリズム，ニューラルネットワーク，ファジィ理論の手法によって，内にプログラミングしうる機能をもっており，作業環境の中で進化し，効率的に作業する。この体系は，経験を蓄積し，変容してゆく。

また，お互いに共通のリソース（Resource）について闘い，生存と複製がなされる共進化も行うことが示されている。T. Oohashi（1996）は，生命によって物質と情報は，互いに等価であるとの前提から，フオン・ノイマンの自己増殖オートマタに自己解体を導入した自己解体モデルを提案し，シミュレータ（SIVA-3：Simulator for Individuals of Virtual Automata-3）を開発した。SIVA-3は，環境を4種の有限の仮想物質から構成され，個別に設定できる。また，個体間の自然淘汰的な相互作用のみならず，人工生命体と環境との物質循環的な相互作用をモデル化している。

ATR（国際電気通信基礎技術研究所）は，「**人工脳**」プロジェクトをもち，ティエラがコンピュータの中で進化するのに対して，このプロジェクトは，コンピュータのハードウェアとソフトウェアの進化を同じくする。人工脳の神経細胞に当たる電子回路の突然変異と考えられる。人間と親密・対等にコミュニケーションでき，アイディアや話し掛けをコンピュータの方からできる，すなわち，人間の思考のパートナーとして役立つ可能性を提案している。人工脳は，不死である。学習したことが，永久にシステムとして残り，遺伝子の考え方を変化させてしまうであろう。昔，ドリトル先生が，牛，馬，鳥らと会話している映画を見たが，動物と人間とがコミュニケーションできる夢を，コンピュータを介して，可能とする。これには，振動数変化のディジタル信号処理を工夫することが必要かも知れない。要は，全く異質な意識体と共存時代をもつことができるか，という意識の変化が期待されよう。

複雑系の中で，景気，音楽，料理，スポーツ，競馬などのシステムには，予測性，適用性は，物理化学系のように単純ではなく，コンピュータでの処理は容易でない。これらは，コンピュータのCPU，記憶メモリーの空間を求め，要素の創発，ビットの組み替えなどのように，容易にいかない。神経回路網のニューロンでの情報伝達は，空時間のパルス波の2次元振動となるが，H-H方程式，ソリトン波などに見られるように，細胞という物質面での協同作用が入り，

このことは，現在のコンピュータの演算記憶量（7～8 Gb）を越えていることを意味している。

生命現象は不思議な謎に包まれており，これを記号化して，知識化することは，大切である。D. R. Hofstadter（1970）は，自然プロセスは，ループをもつ対称性であることを記しており，大野　乾（1988）が指摘するように，古代の遺伝子は，進化した遺伝子の一部として，繰り返して，継続して残されてゆく。遺伝子を構成する塩基配列に基づいて，所謂「遺伝子音楽」を彼は作曲している。すなわち，このことは，音符のコーディングにおいて，遺伝子を構成するコドンを，1つの音階として規定して作曲すると，バロックから新ロマン派の音楽へと展開してゆく。このことは，詩句にも，遺伝子の進化の影響が見受けられる。これから，近い将来，コードやデコードの規則を含むソフトウェアの発展によって，序々に生命の謎は究明されよう。

自然は，人間に感性と直感力を与え，無常といえるが，一方，ヒトは，進化して社会を集団となって形成し，人工物を発明して，システムの効率を向上させている。時系列データは，本質的に時間を含んでおり，進化は，時間に依存しているといえよう。しかし，まだ，物質面と精神面との調和は，知恵の増殖の割に，遠いといえる。情報知識化には，積極的に自然を友として，それから多くを学び，ヒトとして知恵を広く，深くする精神が不可欠となろう。

参 考 文 献

1）Ackley, D., M. Littman : Interaction between learning and evolution (C. G. Langton, C. Taylor, J. D. Farmer, S. Rasmussen (eds.) : Artificial Life II, Addison-Wesley（1992））

2）赤池弘次，北川源四郎　編著：時系列解析の実際 I，II，朝倉書店（1995）

3）合原一幸，五百旗頭正　編著：カオス応用システム，朝倉書店（1995）

4）Baldwin, J. M. : A new factor in evolution, *American Naturalist* **30**, 441-451, 536-553（1896）

5）Baughman , D. R., Y. A. Liu : Neural Networks in Bioprocessing and Chemical Engineering, Academic Press, San Diego（1995）

6) Chitra, S. P.: Use Neural Networks for Problem Solving, *Chem. Eng. Prog.*, April **1993**, 44-52

7) Gerrard, A., E. S. Fraga: Mass Exchange Network Synthesis using Genetic Algorithms, *Computers & Chem. Engng.*, **22** (12), 1837-1850 (1998)

8) Gianetto, A., H. I. Farag, A. P. Blasetti, H. I. DeLasa: Fluid Catalytic Cracking for Reformulated Gasolines, Kinetic Modeling, *Ind. Eng. Chem. Res.*, **33**, 3053-3062 (1994)

9) Goldberg, D. E.: Genetic Algorithm in Search; Optimization and Machine Learning, Addison-Wesely (1989)

10) 花熊克友：化学プラントにおける複合形異常信号検知システムの設計と実プロセスへの適用，化学工学論文集，**23**, 461-486 (1997)

11) 平井正一：**3**．カオスと制御（合原一幸編：応用カオス-カオスそして複雑系へ挑む，3編），pp.51-65，サイエンス社 (1994)

12) Hofstadter, D. R.: Gödel, Escher, Bach - An Eternal Golden Brain, Vintage Books Edition, Basic Books, New York (1979)

13) 堀　嘉成，山田昭彦，下田誠，坂内正明，伊藤弘一：遺伝アルゴリズムの応用した蓄熱型地域冷暖房プラントの最適運転計画，化学工学論文集，**22** (4)，695-701 (1996)

14) 堀内岳人：ニューラルネットワークとエキスパートシステム，〈AI プログラムマガジン〉，(№2，4，6) (1991)，オーム社

15) Holland, J.H.: Adaptation in Natural and Artificial Systems, Univeristy of Michigan Press, Michigan (1975)

16) Hopfield, J. J.: Neuron with graded response having collective computational properties like those of two-state neurons, *Proc. Natl. Acad. Sci.*, USA, **81**, 3088 (1984)

17) 星　岳彦，平藤雅之，本条　毅：バイオエキスパートシステムズ―生物生産におけるAI/ニューロコンピューティング，コロナ社 (1990)

18) 五百旗頭正：**7**．予測への応用（合原一幸，五百旗頭正　編著：カオス応用システム，pp.117-137，朝倉書店 (1995)）

19) 井上政義：**1**．カオスニューロ・コンピュータ（合原一幸編：応用カオス―カオスそして複雑系へ挑む，3編），pp.98-120，サイエンス社 (1994)

20) 石田良平，村瀬治比古，小山修平，杉山吉彦：拡張カルマンフィルターによる超高速ニューロ学習，第1報，排他的論理和問題への適用，日本機械学会論文集 (C編)，**58** (552)，2507 (1992)

21) 片山　立：**4**．カオス応用研究のための開発ツール（合原一幸，五百旗頭正　編著：カオス応用システム，pp.56-81，朝倉書店 (1995)）

22) 片山　立，森戸克美：**5**．家電への応用（合原一幸，五百旗頭正　編著：カオス応用

システム，pp.88-90，朝倉書店（1995））
23) 川人光男：脳の計算理論，産業図書（1996）
24) Kitsuta, Y., M. Kishimoto : Fuzzy Supervisory Control of Glutamic Acid Production, *Biotech. and Bioeng.*, **44**, 87-94（1994）
25) McClellank, J. L., D. E. Rumelhart : Explorations in Parallel Distributed Processing, Cambridge, MA, MIT Press（1988）
26) Mitchell, M. : An Introduction to Genetic Algorithms, The MIT Press, Cambridge, Massachussets, U. S. A.（1996）（本堂直浩，伊藤拓也，丹羽竜也，高畠一哉，野添敏秀　訳：遺伝的アルゴリズムの方法，東京電機大学出版局（1997））
27) 奈良重俊，D. Peter, B. Wolfgong：**2**．カオスニューロ・コンピュータ（合原一幸編：応用カオス―カオスそして複雑系へ挑む，3編），pp.121-148，サイエンス社（1994）
28) 西江　弘：**6**．生理機能系のカオス（合原一幸編：応用カオス―カオスそして複雑系へ挑む，pp.333-335，サイエンス社（1994））
29) Nishikawa, Y. : Genetic Algorithm and Its Enginnering Implication, *Trans. of the Society of Instrument and Control Engineers*, **27**, 593-599（1991）
30) Oohashi, T., H. Sayama, O. Ueno, T. Maekawa：Artificial life based on programmed self decomposition model, ATR Technical Report, TR-H-198（1996）
31) 大野　乾：生命の誕生と進化，東京大学出版（1998）
32) Ott, E., E. C. Grebogi, J. A. Yorke : Period three implies chaos, *Am. Math. Mon.,* **82**, 985-992（1975）
33) Pyragas, K. : Continuous control of chaos by self-controlling feedback, *Physics Letters A*, **170**, 421-428（1992）
34) Reddy, V. N., M. L. Mavrovouniotis : An Input-Training Neural Network Approach for gross error detection and sensor replacement, *Trans. IChem. E.*, **76**(A), 478-489（1998）
35) Rumelhart, D. E., G. E. Hinston, R. J. Williams : Leaning representation by backpropagation errors, *Nature*, **232**（9）, 533-536（1986）
36) 佐藤雅昭：リカレントニューラルネットワークにおけるカオスダイナミックスの学習（合原一幸　編著：ニューラルシステムにおけるカオス，7章，pp.245-283，東京電機大学出版部（1993））
37) 坂和正敏，田中雅博：ソフトコンピューティングシリーズI，遺伝的アルゴリズム，朝倉書店（1995）
38) Shi, Z., K. Shimizu : Neurofuzzy Control of Bioreactor Systems with Pattern Recognition, *J. Fermentation Bioeng.*, **74**, 39-45（1992）

39) Shinbrot, T., C. Grebogi, E. Ott and J. A. Yorke : Using small perturbations to control chaos, *Nature,* **363** (3), 411-417 (1993)

40) Sims, K. : Evolving 3D morphology and behavior by competition, (R. Brooks, P. Maes (eds.) : Artificial Life, pp.28-39, MIT Press (1994))

41) Scott, G. M., W. H. Ray : Experiments with model-based controllers based on neural network process models, *J. Proc, Cont.*, **3** (3), 179-196 (1993)

42) 菅　健一：**6** 章　生物プロセスの計測と制御(東稔節治　編著：生物化学工学，pp.141-162，朝倉書店 (1996))

43) 菅野道夫：ファジィ制御，日刊工業新聞社 (1988)

44) 谷　淳：**6**．カオス力学系で考えるロボットの自律行動 (合原一幸　編：応用カオス-カオスそして複雑系へ挑む，pp.193-207，サイエンス社 (1994))

45) 谷　哲次：石油精製における知的制御とその適用事例，化学工学，**63**，248-249(1999)

46) Thompson, M. l., M. A. Kramer : *AIChE J.,* **40**, 1328-1340 (1994)

47) 東稔節治，世古洋康，平田雅巳：プロセス設計学入門，裳華房 (1998)

48) 東稔節治：共生システム論一生命体と地球環境の調和，㈱アイピーシー (1999)

49) Tone, S., S, Miura, T. Otake : Kinetics of Oxidation of Coke on Silica-Alumina Catalysts, *Bull. Japan Petrol. Inst.*, **14**, 76-82 (1972)

50) 潮　俊光：カオス制御，朝倉書店 (1996)

51) Van der Walt, T. J., J. S. J. Van Deventer : The Dynamic Modeling of Ill-defined Processing Operations using Connectionist Networks, *Chem. Eng. Sci.*, **48** (11) , 1945-1958 (1993)

52) 山口　亨：**2**．カオス的な想起を利用した人間の表情の生成 (合原一幸，五百旗頭正　編著：カオス応用システム，pp.16-38，朝倉書店 (1995))

53) Yeo, Y., T. Kwon : A Neural PID controller for the pH neutralization Process, *Ind. Eng. Chem. Res*. **38**, 978-987 (1999)

54) 米澤保雄，下原勝憲：**6** 章　人工生命の基礎と応用 (中嶋正之　監修：複雑系の理論と応用，pp.165-197，オーム社 (1998))

55) Wang, K., Y. Qian, Y. Yuan, P. Yao : Synthesis and Optimization of Heat-integrated Distillation Systems using an improved genetic algorithm, *Computers & Chem. Eng.*, **23**, 125-136 (1998)

56) Won, J. K., M. Modarres : Improves Baysian method for diagnosing equipment partial failures in Process plants, *Computers & Chem. Eng.*, **22** (10), 1483-1502 (1998)

57) Zadeh L. A. : Fuzzy Sets, *Information and Control*, **8**, 338-353 (1965)

58) Yager, R. R., L. A. Zadeh : Fuzzy Sets, Neural Networks and Soft Computing, Van Nostrand, Reinhold, A Division of Wadsworth, Inc., (1994) (浅居喜代治

監訳：ソフトコンピューティング，海文堂（1998））

59) 山本　拓：経済の時系列分析，創文社（1988）

60) Zhang, J., A. J. Morris, E. B. Martin, C. Kiparissides　Prediction of polymer quality in batch polymerization reactors using robust neural networks, *Chem. Eng. J*., **69**, 135-143（1998）

61) Zhao, J., B. Chen, J. Shen : Multidimensional Non-orthogonal Wavelet-sigmoid Basis Function Neural Network for Dynamic Process Fault Diagnosis, *Computers & Chem. Engng*., **23**, 83-92（1998）

索　　引

■編著者略歴

東稔　節治（とね　せつじ）
1936年２月　大阪市に生れる
1958年３月　大阪大学　工学部　応用化学科卒業
1960年３月　同　大学院　工学研究科　応用化学専攻　修士課程終了
1985年９月　大阪大学基礎工学部化学工学科　教授
1996年４月　大阪大学大学院　基礎工学研究科　化学系専攻
化学工学分野　教授
1999年４月　同上・名誉教授　工学博士
（専門）反応システム学、反応工学、生物化学工学、プロセス設計学

■協力執筆者紹介

世古　洋康（せこ　ひろやす）
1940年10月　大阪市に生れる
1964年３月　姫路工業大学　応用化学科卒
1964年４月　田辺製薬㈱　入社
1990年１月　同　応用生化学研究所　化学工学部長
1995年10月　同　環境管理部長
1998年10月　同　環境担当
工学博士
（専門）反応工学、プロセス工学、環境工学

時系列システムとカオス動力学

2000年４月20日　初版第１刷発行

■編著者――東稔　節治
■発行者――佐藤　正男
■発行所――株式会社 大学教育出版
〒700-0951 岡山市田中124-101
電 話 (086)244-1268㈹　FAX (086)246-0294
■印刷所――互恵印刷㈱
■製本所――日宝綜合製本㈱
■装　丁――ティー・ボーンデザイン事務所

ISBN4－88730－386－6